L'Art
de faire confiance

Mathieu Farina et Elena Pasquinelli

L'Art de faire confiance

Pour un nouveau contrat entre la science et les citoyens

Odile Jacob

15, rue Soufflot, 75005 Paris

www.odilejacob.fr

ISBN : 978-2-7381-5267-1

Introduction

Dans un film italien de 2013, *La Grande Bellezza*, un étrange personnage détient dans une valise les clés des plus beaux palais de Rome, fermés à tous, excepté à leurs propriétaires. Grâce à son trousseau, l'étrange personnage accompagne le protagoniste du film et lui permettre de découvrir ces palais les uns après les autres, comme s'il s'agissait d'une seule enfilade de pièces.

Nous souhaitons à notre tour vous ouvrir les portes d'un univers qui fascine et intrigue : celui de la science. Au fil des chapitres de ce livre, nous allons vous guider au sein de laboratoires de recherche d'écologie, de physique, de sciences du climat et d'immunologie. Ces laboratoires ne sont certes pas cachés. Bien au contraire, leur recherche est publique et financée avec l'argent public. Mais il est rare pour ceux d'entre nous dont ce n'est pas le métier de pouvoir y entrer librement, de voir la science se faire et de soumettre ses doutes et ses interrogations à des experts. Nous nous sommes promis de vous y amener et de vous donner accès à ce monde. Avec pour objectif de voir la science à l'œuvre, de découvrir de l'intérieur son fonctionnement et ses stratégies, et de mettre le nez dans ses succès et dans ses « échecs ».

Pourquoi nous embarquer – et vous embarquer – dans ce voyage ? Découvrir *sa grande beauté*, certes, mais pas uniquement.

En réalité, la raison principale de notre voyage est ailleurs : nous souhaitons parler de science et de société, d'esprit critique et de confiance.

L'expression « esprit critique » vous est probablement familière et vous pensez certainement pouvoir en donner une définition. Peut-être s'agit-il pour vous d'une aptitude à se montrer ouvert d'esprit ou, au contraire, à savoir douter et suspendre son jugement. Vous pourriez encore y voir une référence à une attitude rationnelle, logique, à l'exercice même de la raison. Il est rare en tout cas que l'on entende parler d'esprit critique comme d'une forme de confiance bien placée. C'est pourtant la manière avec laquelle nous souhaitons aborder ce concept ; et c'est avec l'objectif de vous faire comprendre la pertinence d'une telle approche que nous entreprenons ce voyage.

***

La confiance est un ingrédient indispensable dans la vie d'une société et de chacun de ses membres. Au moment de prendre une décision, nous nous laissons guider par notre jugement ou par les conseils d'autres personnes. Pour se forger une opinion, nous nous appuyons sur des informations collectées par nous ou par d'autres, et nous accordons notre confiance à ces données et à leurs sources.

Nous sommes conscients que nous pouvons nous tromper, ou que les autres peuvent nous tromper, par ignorance ou par malveillance ; mais nous faisons néanmoins confiance, et même plus souvent que nous ne le pensons. Comment pourrait-il en être autrement ? Nos sociétés se sont construites grâce à la capacité à exploiter les connaissances produites par d'autres. C'est la confiance qui nous permet de bénéficier des avancées de notre culture. Nous faisons confiance à l'ingénieur qui planifie le pont, au boulanger qui fabrique notre pain, à l'enseignant qui nous délivre son savoir… Nous *devons* faire confiance.

Si cette confiance est indispensable, des outils de vigilance sont nécessaires, car nous ne pouvons pas accorder notre confiance de manière aveugle. Comment discerner le bon grain de l'ivraie dans l'ensemble des informations – parfois divergentes – auxquelles nous sommes confrontés ?

La question se fait aujourd'hui plus pressante du fait d'une profusion d'informations faciles d'accès. En tant que citoyens curieux et responsables, consommateurs quotidiens d'Internet, nous sommes submergés d'informations de qualité variable. Ces informations sont obtenues à très bas coût : un clic. Téléphones et tablettes les ont rendues omniprésentes : une bibliothèque et un kiosque à presse dans votre poche, partout, tout le temps. Pour autant, sommes-nous réellement capables d'en tirer profit ?

Le domaine de la santé nous offre quantité d'exemples qui illustrent la difficulté à discerner le vrai du faux dans la masse d'informations que le Web place à portée de nos doigts. Imaginons, par exemple, que nous cherchions à vérifier l'affirmation selon laquelle consommer de la vitamine C permettrait d'écourter, prévenir ou soigner le rhume. Direction Internet : nous commençons donc par écrire dans l'espace dédié du moteur de recherche les mots suivants : « rhume » et « vitamine C ». En 0,41 seconde 569 000 résultats s'affichent. Pour les anglophones, l'attente est encore moins longue – 0,38 seconde – et la pêche encore plus riche : 201 millions de pages Web prêtes à répandre leurs lumières sur notre interrogation. Quand la question qui nous taraude présente un enjeu réel, nous pouvons nous sentir désemparés, perdus au milieu d'une jungle d'informations souvent contradictoires. Comment reconnaître dans cet enchevêtrement d'opinions la connaissance fiable sur laquelle fonder ses décisions ?

Le problème du tri des informations n'est cependant pas nouveau. Par le passé, déjà, nous devions faire face à des rumeurs, à des vérités assenées par certains et rejetées par d'autres. Ainsi les saignées ont-elles continué à être pratiquées jusqu'au XXe siècle, bien que leurs bases théoriques aient été mises à mal depuis la Renaissance, et que leur manque d'efficacité ait été prouvé au début du XIXe siècle. Tout comme nous aujourd'hui, les femmes et les hommes de l'époque avaient des idées bien arrêtées sur mille sujets, et ils les relayaient sans s'être assurés de leur bien-fondé. Le citoyen du XIXe siècle, soucieux de se forger une opinion, aurait certainement éprouvé toutes les difficultés à accéder à la meilleure connaissance disponible.

Dans notre contexte moderne, le problème des *fake news* a certainement pris une forme et une ampleur nouvelles, mais ses racines sont plutôt à rechercher dans notre nature et notre façon de penser le monde. Le succès immédiat d'une idée ne dépend pas uniquement des preuves qui la sous-tendent. Les informations capables d'évoquer des émotions négatives – comme la peur d'un attentat ou d'une maladie – ou qui se révèlent surprenantes – comme celles relayées par les légendes urbaines – sont par exemple plus à même de capter notre attention et de rester dans notre mémoire. Elles sont également plus largement partagées *via* les réseaux sociaux ou le bouche-à-oreille. Les faits objectifs ne sont pas forcément ceux qui circulent le mieux. Certaines informations étayées ne font pas le poids face à des affabulations concurrentes. Ces dernières résistent aux preuves et se diffusent.

Développer l'esprit critique dans notre société ne peut donc se résumer à rassembler quelque part les *bonnes* informations que l'on mettrait à la disposition de tout un chacun. Un effort supérieur est requis. Voilà pourquoi nous avons décidé de vous inviter à réfléchir aux mécanismes cognitifs qui sous-tendent la construction d'une idée ou l'évaluation d'une information afin de découvrir dans quelles situations nos attitudes spontanées se révèlent insuffisantes et limitées. Une fois que vous serez sensibilisés à certaines limites de notre cognition, nous partirons en quête des outils et solutions que notre culture a apportés pour les dépasser. Ces solutions que nous évoquerons, ce sont celles de la science.

Voilà, nous le sentons, votre esprit critique s'affole ! Car faire confiance à la science, n'est-ce pas déléguer à d'autres notre capacité de penser ? Pire encore : n'est-ce pas faire appel à une sorte d'autorité de l'intellect incarnée par les scientifiques, tyrans épistémologiques en blouse blanche et autoproclamés seuls détenteurs de la vérité ? Rassurez-vous : quand nous parlerons de « la science » dans cet ouvrage, nous ferons référence à ses méthodes, ses pratiques, et à ses manières de raisonner ; il ne s'agira pas de placer les scientifiques sur un piédestal – leur raisonnement rencontre les mêmes obstacles, les mêmes préférences tenaces, les mêmes fragilités que le nôtre. Mais les méthodes de la science sont précisément pensées pour encadrer la pensée du scientifique, limiter les erreurs qu'il commettrait intuitivement, et l'inciter à mettre ses idées à l'épreuve des faits. Nous chercherons à vous en convaincre, page après page.

C'est la raison précise pour laquelle nous avons décidé de ne pas nous borner à décrire une seule question scientifique et un unique lieu de recherche. Certes, chacune des problématiques que nous aborderons aurait pu permettre de découvrir l'ensemble des étapes de la méthode scientifique ou presque. Mais ce que nous espérons vous faire découvrir grâce à la diversité des rencontres que nous allons faire et des sujets que nous allons traiter, c'est la trame commune à toute la science et ses acteurs, au-delà des questions spécifiques posées par une discipline ou une autre. Celle d'une attitude et d'une méthode outillée, soucieuse de parvenir à une connaissance objective et fiable, digne de votre confiance.

Voici un aperçu de ce qui vous attend dans votre voyage.

CHAPITRE I. UNE MÉTHODE POUR ÉCLAIRER SES INTUITIONS

Nous commencerons par constater combien il nous est facile et naturel de nous forger des opinions sur des phénomènes qui suscitent notre intérêt, sur leurs causes et sur ce qu'ils laissent présager pour le futur. Notre premier cas d'étude va être le retour des loups dans nos forêts. Des opinions contraires se confrontent sur le sujet et force est de constater qu'elles n'ont pas toutes les mêmes fondements. Pour avancer, il nous faut donc mieux comprendre notre fonctionnement cognitif, en nous arrêtant plus particulièrement sur les mécanismes à l'œuvre lorsqu'on cherche à décrire, expliquer ou prédire notre monde. Nous identifierons ainsi certaines limites de nos capacités naturelles.

Au cours de notre histoire culturelle, nous avons su développer des outils et des stratégies pour améliorer ces capacités. Les écologues aux prises avec la question du loup les exploitent dans leur travail au quotidien. Nous allons donc les accompagner dans leurs laboratoires et sur le terrain pour découvrir leurs méthodes. Nous verrons que nous pourrons ainsi améliorer nos propres procédures, mais aussi que la plupart de leurs stratégies ne sont pas à notre portée. Nous pourrons néanmoins exploiter cette compréhension des procédures de la science pour identifier des affirmations fondées sur des méthodes rigoureuses et donc dignes de notre confiance.

CHAPITRE II. METTRE SES IDÉES À L'ÉPREUVE DES FAITS

Notre deuxième voyage va nous immerger dans la recherche en physique des hautes énergies, sur la piste de particules évanescentes qui laissent leurs traces dans des détecteurs aux dimensions titanesques.

Pourquoi un tel voyage si loin de notre quotidien ? Force est de constater que dans la vie de tous les jours il nous est difficile de mettre nos idées à l'épreuve des faits et de revenir sur nos opinions. Des raisons pratiques, mais aussi des mécanismes cognitifs nous amènent à trouver dans nos observations la confirmation à nos idées préalables. Le domaine de la recherche sur la physique des hautes énergies sera l'occasion de découvrir de manière saisissante un arsenal de méthodes et de stratégies destinées à protéger les scientifiques d'une telle attitude. Les rencontres que nous ferons nous aideront à comprendre comment la science teste ses hypothèses, les met à l'épreuve de la réalité et se montre disponible à revenir en arrière si nécessaire. Une telle attitude représente un gage de confiance fondamental dans les connaissances produites par la science.

CHAPITRE III. L'ART DE PARVENIR AU CONSENSUS

En tant que citoyens nous sommes parfois exposés à des sources d'informations contradictoires et nous pouvons avoir du mal à savoir vers lesquelles nous tourner. Dès lors que nous manquons de connaissances sur un sujet, il devient difficile de se forger une opinion éclairée. Nous risquons alors de dévaler une pente glissante, celle du doute. Nous pouvons également nous tourner vers des informants qui savent nous rassurer et nous conforter dans nos penchants naturels, mais qui nous éloignent d'une connaissance fondée sur laquelle appuyer ses décisions.

Pour illustrer ce point, notre troisième voyage se focalisera sur une question emblématique située à l'interface entre science et société : celle du dérèglement climatique. Nous avons entrepris d'interroger des experts du climat impliqués dans la production de rapports scientifiques adressés aux décideurs et au grand public. La quête principale de ces experts est de dresser un panorama des connaissances actuelles sur le sujet du climat. Comment parviennent-ils à se mettre d'accord sur le bien-fondé d'une idée à partir de l'ensemble des études, parfois contradictoires, qu'ils ont à leur disposition ? Comment parvient-on à un consensus ? Nous comparerons nos méthodes spontanées d'évaluation de l'information et les moyens mis en place par cette grande collaboration internationale. Nous nous attacherons à battre en brèche certaines idées reçues sur le fonctionnement de la science et chercherons à bien expliciter la spécificité des connaissances qu'elle produit.

Le consensus atteint par un groupe d'experts, large et varié dans sa composition, est la meilleure garantie que la science peut donner pour gagner notre confiance. Un effort de communication est nécessaire pour partager ces aspects de la science avec le plus grand public.

CHAPITRE IV. DES REPÈRES POUR DÉCIDER

Le dernier chapitre aborde plus en détail la question de la confiance entre science et société. Nous avons choisi pour cela un cas d'étude assez délicat de nos jours : la méfiance qui accompagne les pratiques de vaccination, avec des conséquences parfois dramatiques. Nous réaliserons la grande diversité des mécanismes à l'origine de cette méfiance. Nous n'oublierons pas cependant que la science, avec ses institutions, a un rôle à jouer pour gagner la confiance du public. Pour répondre à l'épidémie de méfiance en cours, la science se doit donc de respecter ses propres règles et de les adapter aux cas les plus difficiles.

La problématique des vaccins, et plus généralement celle de la santé publique, cristallise particulièrement les tensions, car elle fait intervenir un acteur supplémentaire : le monde de l'industrie. La science sort de son arène traditionnelle, celle de la connaissance désintéressée, et suscite des appréhensions avec l'intervention de potentiels intérêts privés. Cette problématique est particulièrement propice à faire naître des fantasmes et des rumeurs.

C'est donc plus que jamais le moment d'ouvrir les portes des laboratoires pour découvrir la réalité du monde de la science et de jouer la carte de la transparence. De cela dépend notre capacité de citoyens à prendre des décisions informées, basées sur les meilleures connaissances disponibles.

CHAPITRE I

Une méthode pour éclairer ses intuitions

Sur la piste des loups

« Mes observations m'ont convaincu que certains hommes, raisonnant de façon absurde, établissent d'abord une conclusion dans leur esprit qui, du fait qu'elle est la leur, ou parce qu'ils l'ont reçue de quelqu'un qui a toute leur confiance, les impressionne si profondément qu'il est impossible de le leur sortir de la tête… J'en ai moi-même fait l'expérience. »

GALILÉE, *Dialogue sur les deux grands systèmes du monde*, 1632.

Le loup, animal sauvage emblématique des forêts, est de retour. Après de longues années d'absence, il repeuple l'Europe entière. Force est de constater que ce retour du loup ne se fait pas sans polémique ni légendes. L'image du grand prédateur frappe les esprits et suscite la peur. En même temps que l'animal, c'est le mythe qui est revenu. La littérature regorge de contes et de légendes à son sujet. Si certains mettent en avant le symbole du courage et de la force, nombreux sont ceux qui véhiculent l'archétype de l'animal démoniaque. Dans les contes de Perrault, les enfants « croyaient n'entendre de tous côtés que des hurlements de loups qui venaient à eux pour les manger ». L'époque des récits au coin du feu a laissé place à celle des rumeurs sur les réseaux sociaux, les blogs et autres médias. Mais toujours se propagent des rumeurs inquiétantes. Certains notamment ne croient pas au retour naturel du loup. Si après tant d'années d'absence les loups sillonnent les Alpes italiennes et françaises, s'ils osent s'aventurer peut-être aux portes de Paris, ne faut-il pas y voir le signe d'une intervention humaine cachée ? Et puis il y a les conséquences de ce retour. La présence du prédateur dans les zones de pâturage s'accompagne d'incidents qui choquent. La vue d'animaux attaqués marque les esprits. Les images circulent et affectent ceux qui y sont confrontés. Difficile de rester mesuré ou objectif quand les émotions sont piquées au vif : l'image du grand méchant loup dévoreur se diffuse de plus en plus. On en vient à se demander si l'homme lui-même ne serait pas en danger. Et finalement, comme dans le conte de Perrault, le loup devient si présent qu'on le voit partout. Qu'en est-il en réalité ?

En France, le loup avait disparu dans les années 1930, après une chasse intensive. Son retour s'est opéré à la fin des années 1980, par étapes, depuis les Apennins au cœur de l'Italie. De l'autre côté des Alpes, le loup était présent jusqu'à la fin du XIXe siècle. Une volonté affichée d'éradication et la progressive dégradation de son habitat – due à la déforestation et à la diminution des proies naturelles – ont ensuite conduit à sa disparition progressive du loup. Résultat : au milieu des années 1970, la population du loup italien a été réduite à une centaine d'individus isolés dans une zone circonscrite, celles des Apennins des Abruzzes. Puis la tendance s'inverse : la population se remet à croître. Parti du centre de l'Italie, le loup reconquiert les Alpes. Parvenu aux Alpes maritimes, il franchit la frontière nationale qui n'a, bien sûr, aucune réalité pour lui. Et le voilà en France. Le loup qui recolonise le territoire français est, de fait, le loup italien. En 2019, environ 500 individus sillonnent le territoire français, essentiellement dans l'est et le sud du pays. Ce chiffre peut paraître impressionnant, mais il est à relativiser par rapport aux 1 500 loups italiens et aux 2 000 loups espagnols. Alors y a-t-il trop ou pas assez de loups sur notre territoire ? Et quelles sont les conséquences de sa présence pour les activités humaines et les autres animaux sauvages, aujourd'hui et demain ?

Le fait est que répondre à ces questions est éminemment difficile, et que cette difficulté contraste de façon saisissante avec la facilité avec laquelle nous sommes capables de nous forger une opinion – même tranchée – en la matière.

C'était les vacances de Noël et, tout à fait par hasard, nous allions tous les deux vivre une expérience similaire de part et d'autre de la frontière franco-italienne. Dans le nord de l'Italie comme dans le sud-est de la France, la « question du loup » arrive à nos oreilles avec insistance, et les discours auxquels on assiste sont curieusement les mêmes. « Il y a des loups partout, on en voit souvent à la lisière des forêts », entend-on commenter nos proches. Dans les villages de campagne, on nous rapporte des récits d'enfants qui les auraient croisés sur le chemin de l'école, voire jusque dans les jardins. Et puis il y a leurs traces : des empreintes larges de canidé témoignent de leur passage ; des proies déchiquetées racontent leurs attaques récentes.

Dans les anecdotes qui nous étaient rapportées comme dans les coupures de journaux aux titres sensationnels, un point commun émergeait : l'absence d'informations concernant la manière avec laquelle les observations avaient été menées. À l'exception de rares cas où une photo venait appuyer le constat d'un grand animal, il ne s'agissait que d'aperçus rapides, effectués par des enfants ou des adultes sans aucune connaissance spécifique du loup.

À la même période, des images macabres de têtes de loup coupées font la une des médias. Des animaux ont été pendus sur la place publique en Toscane… On sent la panique, la chute dans l'irrationalité. Chacun dans son pays, nous nous trouvions ainsi confrontés à des préjugés et à des certitudes affichées se prétendant fondées sur des observations.

Le retour du loup soulève de nombreuses questions. Quelles conséquences aura cet animal dans des territoires qui ne l'ont plus vu depuis un siècle ? Comment l'écosystème entier répondra-t-il à ce retour impromptu ? Sans parler des aspects politiques ou économiques, évidemment non négligeables.

Ainsi, assis au comptoir, on discute de cette population de loup et de son impact actuel et futur sur les troupeaux sauvages et domestiques. On le fait du haut de ses propres convictions et idéologies. On assène des vérités sur les causes d'une situation donnée. On fait des prédictions sur l'avenir. Certes, il existe une réalité tangible – celle des dégâts sur les troupeaux domestiques qui suscitent la colère de ceux qui les subissent – mais, au-delà de ce constat indéniable, comment se forger une opinion réellement fiable sur toutes ces questions ?

***

Observer, décrire, expliquer, prédire : ces tâches qui nous permettent de donner du sens à la réalité qui nous entoure sont des actions naturelles que nous accomplissons au quotidien sans même nous en apercevoir. Certes, nous pourrions admettre assez aisément que ces capacités ne sont pas parfaites et que nous puissions nous tromper, mais il nous serait cependant difficile de dire quelles sont les erreurs les plus communes que nous commettons, et dans quelles situations.

Nous vous invitons dans la partie suivante intitulée « Aperçu sur notre fonctionnement cognitif » à mieux découvrir notre fonctionnement naturel ainsi que certaines de ses limites à travers des exemples concrets. À la fin de cette partie, vous comprendrez un peu mieux les risques qui nous guettent quand nous nous forgeons des opinions sur des questions à fort enjeu.

Ce que nous découvrirons ensuite dans « Premier voyage au cœur de la science : la piste des loups », c'est qu'il existe des stratégies ingénieuses pour pallier ces limites. Les scientifiques aux prises avec la question du loup ont mis au point et développé de telles stratégies. Ce sont leurs outils et leurs méthodes que nous découvrirons en accompagnant certains d'entre eux sur le terrain et dans leurs laboratoires.

La question du loup nous donnera ainsi l'occasion d'aborder la problématique suivante : comment la science vole-t-elle à notre secours et parvient-elle à observer, décrire, expliquer et prédire, en limitant, autant que possible, les sources d'erreur qui nous guettent dans cet exercice ? Comment fait-elle pour éviter le piège des conclusions hâtives ?

1

Aperçu sur notre fonctionnement cognitif

Observer est une tâche si courante dans notre quotidien que nous questionnons très rarement les stratégies mobilisées pour l'accomplir. Nous vous invitons un instant à regarder ces deux tables et à répondre à la question suivante : pensez-vous qu'on pourrait utiliser la même nappe pour les couvrir[1] ?

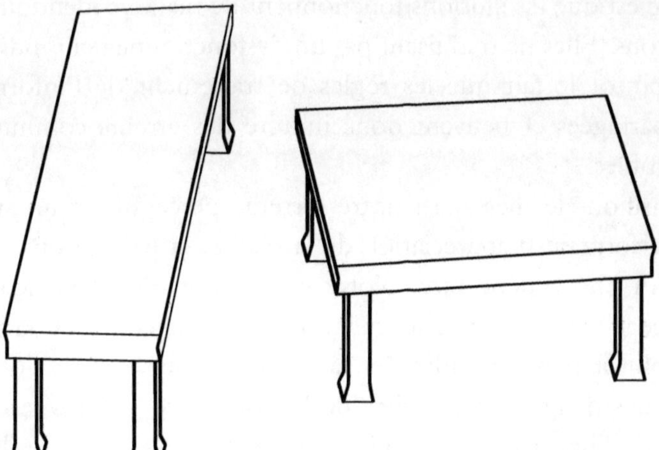

La réponse est oui, ces deux tables sont de même longueur et de même largeur. Allez-y, prenez votre règle, car c'est le seul moyen de se rendre à l'évidence. Profitons de l'effet de surprise que nous ressentons tous à la découverte de cette illusion. Que nous révèle-t-il ? Que nous n'aurions jamais pensé qu'une tâche aussi simple aurait pu nous mettre en difficulté.

Les illusions – comme celle dite des « tables de Shepard », qui porte le nom de son inventeur – sont parmi les phénomènes les plus populaires dans le domaine de la perception. Nous en connaissons tous, pour les avoir vues dans un journal ou un site Web qui promet de nous épater. Il s'agit en réalité de phénomènes qui ont une valeur unique pour le chercheur qui s'attache à mieux comprendre le fonctionnement de la perception. Ils lui révèlent des mécanismes à l'œuvre dans notre perception normale, mais silencieux la plupart du temps[2]. Les illusions permettent de réaliser ceci : notre cerveau ne se limite pas à prendre une photographie de la réalité. Il traite et interprète l'information sur la base de règles *a priori* qui peuvent être apprises ou innées, et il le fait de manière implicite, sans aucun besoin de réflexion.

Si nous pouvions parier sur l'effet de surprise que vous aviez ressenti, c'est que les illusions fonctionnent de manière identique pour nous tous. Elles ne traduisent pas un dysfonctionnement individuel, mais plutôt le fait que les règles de traitement de l'information sont partagées et peuvent donc induire des erreurs communes et prédictibles.

Clarifions le message : notre système perceptif est un système très performant d'appréciation de la réalité, et les illusions sont au final un phénomène rare. Notre perception n'est cependant pas calibrée pour restituer une image fidèle et objective de la réalité, mais plutôt pour résoudre des tâches concrètes comme s'orienter, éviter des dangers, rechercher de la nourriture… Dans le cas des tables de Shepard par exemple, notre système perceptif utilise – à tort – des solutions qui sont propres à l'interaction avec l'espace tridimensionnel, celui dans lequel nous évoluons au quotidien. Dans cet espace, nous estimons les distances et la taille des objets en utilisant des indices comme leur position et leur orientation. L'image en deux dimensions des tables de Shepard est ainsi conçue de manière à nous amener à utiliser ces mêmes indices dans un cas où ils ne sont pas appropriés.

Nous attirons votre attention sur un dernier point : un outil – en l'occurrence, la règle graduée – nous aura permis de corriger notre erreur. L'écart entre la réalité perçue et la réalité objective peut ainsi être comblé par le recours à une stratégie et à un artefact approprié.

Des catégories intuitives

Identifier un objet – déclarer par exemple que tel animal est un loup – implique, d'une part, de l'observer et, d'autre part, de le mettre en relation avec une catégorie mentale existante. De nombreuses hypothèses en sciences de la cognition tentent d'expliquer les processus qui contrôlent la création de catégories d'objets, la mise en relation de ces catégories entre elles, et l'assignation d'un objet donné à l'une de ces catégories[3]. Tout le monde s'accorde cependant pour dire que, lorsque nous catégorisons – par exemple lorsque nous reconnaissons une chaise ou un oiseau –, nous ne nous appuyons pas sur une longue liste de critères explicites et réfléchis[4]. Nos catégories naturelles sont à la fois guidées par notre observation directe de l'environnement, mais aussi par des raccourcis et des intuitions d'ordre plus général qui nous sont cachées – au sens où nous pouvons ignorer que l'on y a recours[5].

Ces mécanismes de catégorisation sont fonctionnels : ils nous permettent d'identifier de manière efficace les objets sans nous laisser distraire par des variations non significatives ou des détails non pertinents. Ainsi, malgré leurs différences, nous classons le chaton et le chat adulte dans la même catégorie. En ayant recours à des raccourcis, nous interagissons plus facilement avec notre environnement.

Un trouble nommé agnosie visuelle permet de réaliser ce constat de façon dramatique : n'ayant pas accès à de telles catégories, les malades sont obligés de passer par une liste de critères explicites pour reconnaître des objets aussi simples qu'une fleur ou un gant. Cette procédure est lente et peut donner lieu à des erreurs, car la liste des critères est inévitablement non exhaustive[6].

Mais, tout en nous étant indispensables, les raccourcis peuvent être déclenchés « à tort ». C'est le cas lorsque nous croyons percevoir la représentation d'un visage au milieu d'un poivron coupé en deux (on vous laisse faire une recherche sur Internet, ça vaut le coup), sur un toast quelque peu brûlé ou encore au milieu des cratères sur Mars. C'est aussi le principe même des émoticônes, où quelques éléments de ponctuation suffisent à symboliser un visage et son émotion. On appelle ces phénomènes des « paréidolies ». Notre cerveau ne se laisse pas tromper jusqu'au point de voir un vrai visage dans ces impressions, mais les stimuli comme les émoticônes empruntent en partie les voies de traitement dédiées aux vrais visages[7].

Toutes ces anecdotes témoignent d'un fait important : nos processus de perception et de catégorisation naturels sont largement silencieux et plutôt basés sur des intuitions que sur des critères logiques et explicites comme on pourrait l'imaginer.

Des explications et des prédictions tout aussi intuitives

Ce même fonctionnement silencieux que nous venons de voir à l'œuvre dans le cas de la perception est à la base de multiples processus cognitifs – comme lorsque nous cherchons à expliquer un phénomène que l'on observe, ou que l'on réalise une prédiction sur un événement à venir.

Par exemple, vous avez forcément entendu dans votre entourage quelqu'un se plaindre de ses douleurs articulaires et du mauvais temps qui en serait responsable. Vous avez peut-être une tante ou un cousin pour qui ces douleurs sont sans aucun doute les annonciatrices du temps qu'il fera demain. La croyance est suffisamment répandue pour que des sites Web météo largement consultés y fassent référence dans leurs prévisions.

Mettons-nous dans la peau de quelqu'un qui souffrirait de douleurs articulaires. Ces douleurs ne sont pas constantes. Ce jour-là, notre douleur vient de se réveiller. Il pleut. L'association entre souffrance et mauvais temps nous paraissait peut-être plausible, mais maintenant que nous venons de la constater par nous-mêmes, elle devient instantanément une réalité. Plus tard, notre douleur diminue enfin. Il pleut encore, mais l'absence de douleur fait en sorte que l'on ne pense pas à notre arthrose. Rien ne nous alerte et ne nous invite à remettre en cause notre conviction. Les douleurs reprennent, mais il ne pleut pas. Penserons-nous à regarder la météo du jour ? Rien n'est moins sûr. Selon le psychologue Amos Tversky et le médecin chercheur Donald Redelmeier, nous sommes ainsi confrontés à une erreur d'observation : nous nous limitons à compter les fois où les choses marchent selon nos attentes, et nous ignorons toutes les autres situations. C'est ce qu'on appelle un biais de sélection des données, et il est le plus souvent involontaire[8].

Chercher du sens partout

Une autre tendance involontaire consiste à tirer des conclusions à partir d'un nombre réduit d'observations. Inspirons-nous cette fois d'une expérience menée au début de sa carrière par Daniel Kahneman, à l'époque de sa collaboration avec l'aviation israélienne

– un exemple devenu classique en psychologie du jugement[9]. Un instructeur a fait l'expérience suivante : lorsqu'il complimente ses cadets après une session d'entraînement de pilotage d'avion, ces derniers réussissent moins bien le prochain exercice ; lorsqu'il les réprimande, ils font mieux... Pour lui, la conclusion est claire : les punitions sont plus efficaces que les félicitations. Kahneman va se rendre compte que les performances des pilotes sont certainement déterminées par leur habileté, mais qu'elles sont aussi soumises au hasard et fluctuent donc d'une fois sur l'autre. Revenons à notre cadet. Il vient d'être complimenté suite à une performance particulièrement bonne : mais ne serait-ce pas qu'un simple coup de chance ? Si tel est le cas, il est probable que, lors du prochain vol, le cadet fasse moins bien que la fois précédente : cette nouvelle performance le ramènera ainsi vers sa moyenne. La régression à la moyenne est un phénomène statistique établi : il fait partie de notre vie quotidienne. Un gâteau bien ou mal réussi ne fait pas de nous, du jour au lendemain, un grand chef ou un incompétent en cuisine. Nous ne devrions être jugés que sur une longue série de préparations culinaires. Mais notre intuition nous mène parfois à voir les choses autrement et nous percevons des régularités là où il n'y en a pas.

Contrairement à ce que pourrait avoir suggéré l'exemple des aviateurs cependant, notre méprise n'est pas uniquement le reflet d'un manque d'outils statistiques. Elle traduit plutôt une tendance à donner du sens aux observations que l'on fait et aux informations que l'on apprend. D'une certaine façon, le hasard est notre ennemi. Il rend caduques les interprétations faciles que nous imaginons. Il est commode pour nous de le négliger, voire de l'exclure[10].

Donner du sens à notre environnement est d'ailleurs une stratégie prudente, dont on comprend facilement les avantages dans le cadre de notre histoire évolutive. Vous êtes en train de marcher dans une forêt ; et voilà qu'un bruit dans le feuillage éveille votre attention, vous sursautez et vos yeux se mettent à explorer pour chercher la cause de ce bruit. Ce n'est probablement rien du tout, juste un malencontreux hasard qui a entraîné la chute d'une branche… Mais il est peut-être plus prudent de chercher l'origine ce bruit étrange que de se rassurer à tort et d'en payer les conséquences. Ainsi, négliger le hasard n'est souvent pas une décision volontaire, mais la conséquence d'une prudence qui a dû maintes fois sauver la vie de nos ancêtres[11].

Donner du sens en simplifiant

Allons un peu plus loin dans la question des explications causales. Imaginez un dispositif qui comporterait une balle rouge et une balle bleue. La première balle quitte sa position initiale et rejoint la seconde ; les deux balles entrent en contact et voilà que la seconde balle se met à son tour en mouvement. Comment décririez-vous la scène ? Probablement vous auriez recours à la notion de cause, et vous diriez quelque chose du genre : « La balle rouge a poussé la bleue. » Ce dispositif a été imaginé par un psychologue belge, Albert Michotte, dans les années 1940, pour tester les conditions dans lesquelles des adultes infèrent la présence d'une relation causale. Michotte a ainsi pu constater que nous avons tendance à interpréter la scène en termes de causes et d'effets, et cela notamment quand le dispositif remplit certaines conditions. Par exemple, la sensation que la balle rouge est la cause du mouvement de la balle bleue est plus forte si la balle bleue se met en mouvement immédiatement après que la rouge est arrivée en contact avec elle. Un délai temporel prolongé casse l'illusion de causalité. Même chose si la balle bleue part dans une direction opposée à la direction d'arrivée de la balle rouge.

L'ordre des événements, la présence d'un choc apparent, la temporalité et la direction du mouvement sont donc des indices que nous utilisons pour inférer une relation de causalité. Un indice fondamental est constitué par la présence d'une corrélation. Une corrélation est une association de dépendance que l'on détecte entre deux événements – par exemple lorsqu'un facteur augmente, l'autre augmente aussi, de manière systématique. La détection d'une corrélation nous amène souvent à interpréter ces deux événements comme étant reliés par une relation de cause à effet – la variation du premier facteur est la cause de la variation du second. Nous le faisons de manière silencieuse, sans y réfléchir. En quelque sorte, l'explication s'impose toute seule à notre esprit. Et une fois celle-ci installée il est difficile de ne plus la percevoir. Ce genre d'inférence frugale de causalité est d'ailleurs présent très tôt dans la vie – les psychologues du développement l'ont mise en évidence auprès de tout jeunes enfants de 6 mois. Elle comporte plusieurs avantages : à partir d'un nombre restreint d'indices nous établissons la cause d'un phénomène observé, ce qui signifie que nous pouvons donner du sens au monde qui nous entoure, et ainsi agir et réagir de manière adaptée. Cette réactivité représente un gain d'efficacité lorsque nous sommes aux prises avec des événements simples ou qui exigent des réponses rapides et immédiates.

Mais prenons maintenant l'exemple suivant, bien plus complexe à traiter qu'un simple choc entre deux balles. On souligne parfois les vertus de l'huile d'olive pour la santé. Notamment associée à un régime alimentaire méditerranéen, l'huile d'olive constituerait un remède miracle pour vivre longtemps et en pleine santé. Pourtant, d'autres facteurs entrent en jeu dans l'association positive entre huile d'olive et état de santé. Un de ces facteurs est même suggéré dès le départ : le régime alimentaire méditerranéen qui accompagne souvent l'utilisation d'huile d'olive, et qui pourrait être la cause réelle d'une bonne santé. Ainsi d'autres causes peuvent-elles exister et rester cachées jusqu'à ce que l'on y pense : une meilleure situation financière par exemple permettrait l'accès à des produits alimentaires plus chers, mais aussi à des soins de santé de meilleure qualité ou à des métiers moins à risque. Absorbés par la première explication qui s'installe dans notre esprit, nous simplifions à l'extrême la complexité de la réalité, et nous négligeons les autres hypothèses qui pourraient participer du même effet.

L'illusion de tout savoir

À défaut de fournir des explications toujours cohérentes de notre environnement, sommes-nous capables de reconnaître les situations qui nous mettent en difficulté et de pouvoir ainsi abaisser, au moment opportun, la confiance que nous portons à notre propre jugement ? David Dunning et Justin Kruger ont testé cette hypothèse avec des étudiants qui suivaient leurs cours de psychologie. Ils leur ont proposé d'évaluer leurs capacités intellectuelles – de raisonnement logique, de grammaire – et même leur capacité à reconnaître une bonne plaisanterie. Ils ont ensuite informé les étudiants de leurs résultats et leur ont demandé d'estimer leur valeur par rapport aux autres étudiants de la classe. Ce qu'ils ont observé, c'est que les étudiants ayant obtenu les moins bons résultats surestiment leur classement et se considèrent plus performants qu'ils ne le sont en réalité. Inversement, les étudiants qui ont les meilleurs résultats se sous-estiment par rapport à la moyenne.

Une interprétation possible de l'effet Dunning-Kruger est la suivante : il est nécessaire de posséder un certain nombre de connaissances sur un sujet pour savoir… tout ce que l'on ne sait pas. Ainsi, quelqu'un qui n'aurait aucune notion d'écologie pourrait s'imaginer qu'il est facile d'expliquer ou de prédire la présence du loup sur notre territoire. L'expert, lui, percevrait les difficultés de la tâche et serait à même de se déclarer incapable de répondre à certaines questions sur le sujet. Au lieu de favoriser la modestie, le manque de connaissances produit ainsi une illusion de savoir.

***

Nous venons de terminer notre première autopsie cognitive, étape que nous accomplirons dans chaque chapitre. Cette autopsie nous a permis de toucher du doigt les difficultés que nous rencontrons lorsqu'il s'agit de formuler des descriptions objectives, des hypothèses explicatives et prédictives capables de prendre méthodiquement en compte toute la complexité d'une situation. Ces difficultés ont leur raison d'être dans notre propre fonctionnement cognitif. Fort heureusement, notre espèce a su prendre en compte l'existence de telles difficultés et se doter de stratégies explicites et volontaires, pour pouvoir les dépasser. Ces stratégies dont nous parlons, ce sont celles que les scientifiques mettent en œuvre dans leur travail. Elles jouent le rôle de ralentisseurs, nous empêchant de rouler trop vite vers une conclusion infondée.

Suivez-nous maintenant dans les montagnes du Piémont pour découvrir les critères d'une observation rigoureuse, vouée à l'identification de l'animal mythique de nos fables d'enfance. Accompagnez-nous ensuite en France, au laboratoire de génétique, afin de découvrir les secrets du dénombrement des loups. Le périple se terminera enfin dans un laboratoire d'écologie où vous pourrez apprendre ce qui permet finalement de se prononcer sur le futur de la population des loups sur le territoire français, grâce au tandem construction de modèles et prise de données.

2

Premier voyage au cœur de la science : la piste des loups

Notre voyage commence en Italie avec Francesca Marucco. Biologiste écologue et experte des loups, Francesca a été coordinatrice italienne de 2013 à 2018 du projet Life WolfAlps[1]. Son parcours débute aux États-Unis, dans le parc du Yellowstone, par un simple stage d'été. C'est là qu'elle rencontre les loups et découvre les problématiques de conservation liées à la réintroduction de ce grand carnivore sur un territoire qui l'avait vu disparaître. À l'époque, le biologiste américain Douglas Smith – chef du projet Wolf Restoration à Yellowstone – et son équipe viennent de relâcher un groupe de loups dans les territoires du parc, avec l'objectif scientifique d'étudier au plus près cette population. C'est une expérience unique, et Francesca s'imprègne là-bas de méthodes d'observation et de suivi qui nourriront son métier et son expertise tout au long de sa carrière de chercheuse. Quinze ans plus tard, elle s'occupe de problématiques liées au suivi des populations des loups du côté italien de l'arc alpin. C'est « Madame Loup » en Italie.

Nous avons rendez-vous à l'entrée du parc des Marguerais, au cœur du village de Chiusa di Pesio, par une journée fraîche, mais ensoleillée du mois de mars. Francesca sort de sa voiture habillée en tenue de randonnée, accompagnée de sa chienne, Macchia, dont nous découvrirons qu'elle est une aide précieuse dans la recherche d'indices du loup. Yeux bleus très souriants, le teint hâlé de celle qui vit à la montagne, et une véritable allure de skieuse, Francesca nous accueille chaleureusement et en anglais. Très rapidement, elle nous présente le projet qu'elle coordonne : « Concrètement, il s'agit de décrire l'état et l'évolution dans le temps d'une population de loups. Les loups ont commencé leur recolonisation des Alpes précisément à partir de la vallée où nous nous trouvons en ce moment. Mais combien sont-ils ? » Pour répondre à cette question, il faut d'abord résoudre une autre difficulté, plus délicate qu'il n'y paraît au premier abord : savoir reconnaître un loup.

Francesca nous propose une sortie dans la forêt, l'idée nous enthousiasme. Nous arrêtons auparavant pour une courte halte au bureau du Centre du parc, où nous rencontrons quelques-uns de ses collègues qui participent au suivi de la population de loups. Très vite, notre attention se porte sur l'étagère principale du bureau : celle-ci est remplie de pots en plastique fermés d'un bouchon rouge. Nous apprenons qu'il s'agit d'une étagère de crottes de loups, conservées dans des cristaux de gel de silice et destinées à être envoyées à un laboratoire canadien pour analyse. Depuis qu'elle a pris en charge la coordination du projet Life WolfAlps, Francesca passe de moins en moins de temps sur le terrain à participer à la tâche de collecte d'échantillons. Heureusement, elle est bien entourée, il y a les 600 personnes qu'elle coordonne : gardes forestiers, gendarmes et autres figures institutionnelles, tous formés aux techniques d'observation et d'échantillonnage, avec pour objectif d'éviter les pièges d'une identification trop hâtive. Francesca passe un coup de fil à ses collègues pour savoir s'ils ont trouvé quelque chose d'intéressant. Une trace de prédation a été vue la veille. Nous avons bien compris le message : nous nous préparons à sortir.

À la recherche d'indices

La voiture s'arrête au bord de la forêt, à l'embouchure d'un chemin. Macchia descend et nous chaussons nos raquettes ; pour Francesca, ce sera des skis de randonnée. Devant nous, des montagnes au sommet blanc se dressent sous un merveilleux ciel bleu. Le chemin recouvert de neige serpente au milieu des peupliers sans feuilles et eux aussi teintés de blanc. Les arbres ici sont vieux, car la forêt a été protégée depuis longtemps – d'abord par des religieux, bien avant que naissent les projets de conservation de biodiversité. La zone où commence notre sortie est le point de départ de l'un des sentiers – on parle de transect – que les experts de terrain du Life WolfAlps empruntent chaque hiver pour réaliser leurs échantillonnages. Quatre fois par an, ils partent de manière simultanée sur l'ensemble des transects qui couvrent le Piémont et l'ensemble des Alpes italiennes. Nous nous apprêtons à les imiter.

Après quelques mètres parcourus, Francesca inspecte le sol. « Ça va être difficile aujourd'hui », juge-t-elle en regardant les traces de son chien dans la neige. En temps normal, la règle est de différer les sorties qui suivent des précipitations neigeuses importantes pour attendre au moins quarante-huit heures – le temps que la neige des arbres ait pu tomber au sol, puis que les loups aient pu se déplacer et laisser leurs traces. Pas de chance pour nous, il a neigé la veille. Pendant que nous marchons, le téléphone de Francesca sonne. « Je viens de recevoir une autre photo de "loup"… C'est fou ! » Ce type de photo, Francesca en reçoit quotidiennement. Des gens l'alertent pour lui signaler qu'ils ont vu un loup, pensant l'aider. En réalité, rien n'est plus à l'opposé de ses méthodes. Ces photos – si tant est que ce soit bien celles de loup – sont des données inexploitables, en l'absence d'éléments complémentaires comme le lieu où a été prise la photo, et son auteur. Et si un loup s'aventure près d'habitations humaines, la photo peut être prise par plusieurs personnes et le même loup sera compté plusieurs fois. Bien sûr, cela reste une donnée, mais sans grande valeur scientifique. Le travail de Francesca va à l'encontre de l'image que l'on pourrait se faire de sa mission : elle étudie l'animal, mais sans chercher à le voir. « En quatorze ans de travail sur le terrain, je ne les ai aperçus qu'une cinquantaine de fois, autour de zones de prédation, mais presque jamais de façon programmée. » Une observation fortuite peut arriver, mais elle ne garantit pas la reconnaissance de l'animal et elle permet encore moins d'estimer combien de loups sillonnent ces territoires. Francesca et ses collègues cherchent plutôt des indices. Des indices suffisamment précis pour être attribués au loup et non aux autres canidés forestiers : le renard bien sûr, mais également les chiens errants qui sillonnent la forêt. Mais le défi de Francesca est plus grand encore. Pour estimer la taille de la population, elle ne doit pas compter deux fois le même individu. Autrement dit, à l'instar des enquêtes policières, l'indice doit porter la marque d'un seul et unique coupable. Un loup que vous croiseriez dans une forêt – la preuve que l'on penserait ultime – serait une donnée sans grande valeur scientifique. « *A wolf with no name* », pour reprendre les termes de Francesca. Alors que cherchent précisément Francesca et ses équipes dans les forêts italiennes ? « Moi je ne cherche pas des loups, je cherche des crottes ! »

Savoir où porter son regard

En arpentant son transect, le pisteur chanceux va tomber sur des empreintes dans la neige. Il quitte alors le sentier et suit les traces. Dans l'espoir qu'elles mènent à la fameuse crotte. Le pistage se fera de préférence dans le sens inverse de l'animal, pour ne pas le déranger. Francesca nous amène à observer les empreintes laissées par Macchia : impossible, nous dit-elle, de distinguer à partir d'une seule empreinte la trace d'un chien de celle d'un loup. La piste, en revanche, donne des indices supplémentaires. La trajectoire du loup est toujours droite, alors que le chien vagabonde. Chez le loup, les pattes antérieures et postérieures se trouvent généralement sur la même ligne, alors que le chien place les pattes arrière au milieu de celles antérieures. Surtout, les loups sont réputés pour marcher à la « queue leu leu », chaque membre de la meute posant ses pieds dans les empreintes précédentes... de sorte qu'ils donnent l'impression de n'être qu'un seul et même individu.

Nous tombons enfin sur une piste. « On va voir ce que vous valez comme détectives ! », lance Francesca. À nos pieds, l'empreinte que nous observons a bien la forme de celle d'un canidé. Elle nous paraît un peu plus petite que celles laissées par Macchia, mais elle est ancienne et Francesca nous met en garde : l'état de la neige et son évolution peuvent influencer fortement la taille, nous devons nous départir de ce critère qui saute pourtant aux yeux. Outre la taille, des détails dans l'empreinte – présence marquée des griffes par exemple – seraient salvateurs, mais la neige n'est pas propice à enregistrer tant d'informations. Francesca nous suggère de comparer la longueur du pas, soit la distance séparant deux empreintes successives du même pied ; encore faut-il les reconnaître. À vue d'œil – un mètre aurait été plus que bienvenu –, le pas semble trop court pour correspondre à celui d'un loup ou même d'un chien. À demi-mot, nous avançons l'hypothèse du renard, la prise de risque n'est pas trop grande puisque c'est le canidé qui laisse le plus régulièrement ses empreintes dans nos forêts. « Peut-être, s'amuse encore Francesca. Impossible d'en être sûr. Dans le doute, nous n'allons pas suivre cette piste. Suivre n'importe quelle trace de canidé serait une perte de temps : il faut savoir exclure celles qui ne sont pas prometteuses. » Dans un projet scientifique comme le Life WolfAlps, il est crucial de réduire au maximum le risque d'erreur :

« Ici les gens qui collectent les informations ont quinze ans d'expérience. Ailleurs, là où des loups viennent d'apparaître, cette expertise manque. C'est pourquoi nous les formons. » De retour dans son laboratoire, Francesca nous montrera un petit livret, sorte de manuel de l'observateur, à destination de tous ses collaborateurs, au titre éloquent *Manuel pour la collecte de signes de la présence du loup dans les Alpes.* Un véritable concentré d'informations à mobiliser au moment de réaliser ses observations sur le terrain.

Ces premiers pas dans la forêt marquent ainsi un début de divergence entre notre attitude naturelle et celle adoptée par les scientifiques qui mènent une véritable enquête. L'observation scientifique se prépare : elle se forge sur des critères explicites et exploite des connaissances préalables. Cela invite immédiatement à une posture plus exigeante, et des gestes mieux maîtrisés. Les connaissances ne sont pas uniquement mobilisées *a posteriori* pour nous permettre d'interpréter les informations collectées ; elles sont aussi des guides, qui permettent de sélectionner ce qu'il faut remarquer. L'attention est comme un faisceau lumineux qui isole les objets qui méritent d'être pris en considération, et laisse le reste dans l'ombre. Mobiliser une connaissance précise au bon moment revient à orienter le faisceau vers les bons indices, laissant dans l'ombre les nombreuses données non pertinentes. Si nous étions seuls dans cette forêt, à ce moment même, notre regard ne saurait pas où se poser et nous manquerions certainement telle piste laissée par un animal, tandis que nous pourrions être attirés par des trous insignifiants dans la neige.

Cependant, les connaissances que Francesca a mobilisées resteraient insuffisantes si elles se limitaient à l'objet d'étude : les loups. Un expert fait l'effort de les étendre aux objets semblables – en l'occurrence les renards, les chiens. Il apprend leur comportement et les traces de leur présence – crottes, traces de prédation – avec autant d'assiduité que l'animal qu'il recherche. Avoir en tête les autres explications possibles, celles que notre esprit occulte volontiers pour se focaliser sur l'idée qui est la sienne, a le pouvoir de nous forcer à ralentir avant de conclure avec un surplus d'assurance.

Une observation prend du sens en relation avec d'autres

Nous reprenons notre chemin sur la route enneigée qui traverse la forêt. La discussion se poursuit avec Francesca, entrecoupée de quelques pauses pour nous soustraire au bruit de nos raquettes qui grignotent la neige. Sans notre présence, la forêt serait plongée dans un silence parfait. Francesca porte notre attention sur une grosse piste d'un mètre de large à notre droite : elle quitte le chemin et monte vers la colline. Sa curiosité est alertée : « Ça pourrait être un sanglier, un cerf ou un loup, c'est très difficile de savoir pour l'instant, mais regardez : la piste monte tout en haut de la colline. Un chien n'aurait pas fait ça. » L'objectif est de trouver une empreinte ou un indice qui confirmerait ou infirmerait l'hypothèse du loup. C'est maintenant que la véritable enquête commence. Nous montons à notre tour et nous découvrons la crotte et, juste à côté, une empreinte profondément enfoncée dans la neige. Francesca prend quelques photos, mais décide pourtant de ne pas prélever l'échantillon. « Ce n'est pas assez typique du loup, poursuivons encore un peu. » Nous progressons sur la colline. La montée est de toute évidence plus difficile pour nous que pour les animaux que l'on piste. Soudain, Macchia se met à se frotter le dos sur le sol. « Elle a senti quelque chose. » Francesca creuse alors la neige et s'extasie : « Vous savez quoi ? C'est une autre crotte. Bravo, *bravo cane*... » Elle se penche sur la crotte et sent. Une crotte de loup a une odeur distinctive par rapport à celle de chien. Les loups ont des glandes péricaudales qui sont absentes chez le chien et cela confère une odeur particulière. Une crotte de loup contient le plus souvent des restes des animaux dont le loup s'est nourri. « Vous voyez ici ?

Ce sont des poils. Mon expertise me dit qu'il s'agit de poils de sanglier. Bien sûr, si je faisais une étude spécifique sur la prédation, je ne conclurais pas aussi vite. Mais ici je cherche des indices pour déterminer si la crotte est celle d'un loup… » L'échantillon est de grande taille, ce qui donne une nouvelle indication en faveur du loup, par rapport au renard par exemple. La couleur, en revanche, n'aide pas à identifier l'espèce, mais fournit d'autres informations. Des échantillons noirs et liquides témoignent d'un nourrissage sur une carcasse fraîche : « Ici on a affaire à une prédation assez récente sur sanglier, avec beaucoup de sang. » Une scène se dessine au fur et à mesure que Francesca récolte les indices : récemment, une meute de loups s'est nourrie d'un sanglier qui venait de mourir ou que la meute a tué. Peu de temps après, ils ont marché sur la même route que celle que nous avons empruntée depuis le début de notre marche, avant de brusquement bifurquer et de gravir la colline, laissant derrière eux un tracé profond dans la neige. Dans ces régions, une meute, constituée de quatre ou cinq individus, occupe un territoire vaste, qui peut couvrir 250 kilomètres carrés. Les animaux qui arpentent ce sentier sont donc les individus d'une seule et même meute – ils tueraient tout autre loup qui viendrait ici. Cette meute, Francesca la connaît bien, même sans jamais l'avoir croisée directement.

À la lumière de cette nouvelle trouvaille, la première crotte, même imparfaite, prend du sens dans le contexte global. Elle devient une donnée. L'observation initiale, isolée, n'avait que peu de valeur. Elle était comme une unique pièce d'un puzzle. Associée à une seconde, puis à une troisième pièce, elle devient un élément d'un ensemble plus cohérent.

L'échantillon est déposé dans un bocal en plastique, les mêmes que ceux que nous avons vus sur les étagères du centre à l'entrée du parc. Francesca note des détails associés au prélèvement : sa position GPS exacte, son aspect sur la base de critères précis et établis à l'avance, le nom de l'observateur. L'échantillon est maintenant prêt pour la suite de son aventure : le laboratoire de génétique. Là, d'autres scientifiques analyseront les crottes retrouvées sur le terrain. Leur objectif sera d'extraire l'ADN contenu dans les cellules que les échantillons recèlent. Car c'est cette molécule d'ADN qui renferme l'indice le plus sûr pour parvenir à identifier l'espèce loup par rapport aux autres suspects possibles – renards, chiens, hybrides. Elle seule permettra aussi de distinguer un individu d'un autre et, ainsi, de répondre à la question si polémique du nombre de loups présents dans les Alpes. Jusqu'au laboratoire, chaque interprétation – loup ou pas loup – reste une hypothèse, un pari, mais un pari savamment réalisé : « Parfois je sais que c'est un loup, parce que mon expérience me le dit. Le protocole que nous avons mis en place nous oblige cependant à rester objectif. Que ce soit moi qui récolte les données ne change rien. » Face à la tendance naturelle de tout un chacun à avoir confiance en ses jugements, le scientifique observateur de terrain met en place des garde-fous ; ce sont des échafaudages externes – critères d'observation, recours à des méthodes non subjectives – qui lui viennent en aide, car ils lui imposent une conduite à tenir.

Tenir compte des hypothèses alternatives

Nous croisons des gardes-chasses. Francesca leur pose des questions au sujet de la carcasse évoquée dans le bureau ce matin. Il s'agit d'une carcasse de chevreuil encore récente, plus loin sur le sentier que nous parcourons depuis quelques heures. Quand nous arrivons sur le lieu de l'attaque, nous sommes alertés par des taches de sang sur la neige, seul indice qu'un événement violent a eu lieu ici. Nous nous en remettons à Macchia pour nous aider à mettre la main sur la carcasse enfouie dans la neige. Elle se met à creuser et des taches rouges de plus en plus larges apparaissent. Un os et quelques restes de tissus sont découverts. Impressionnante vision. Dans notre imaginaire commun, le loup est le grand prédateur de nos forêts. Nous imaginons devant nous une scène de chasse récente, le loup à l'œuvre. Francesca nous ramène à la réalité de la science : « Je ne vais pas remplir de feuille pour cette observation : ce n'est pas une donnée. Pour qu'elle le soit, il faudrait avoir des traces de loups associées qui correspondent à un comportement de chasse. » L'animal peut être mort d'une autre cause que de l'attaque d'un prédateur, de vieillesse ou maladie par exemple. Et même si c'est une prédation, ce pourrait être l'œuvre d'un renard, par exemple sur un chevreuil attardé dans une zone où la neige est profonde – souvent les renards ont tendance à enlever la tête de l'animal qu'ils ont tué ; la personne qui tombe sur ce genre de vision pense immédiatement au loup alors que c'est en fait typique du renard.

Fin de rêverie brutale mais qui a le mérite d'être claire. Ce n'est pas faute d'avoir été invité à plus de prudence depuis le début de notre leçon de pistage. Une fois de plus, nous faisons l'expérience de la difficulté à résister à nos interprétations spontanées. Et force est de constater que cette tendance ne s'efface pas après quelques conseils appris auprès d'un scientifique. D'une manière analogue aux illusions, ses effets perdurent même quand on en prend conscience. Il est étonnant de réaliser à quel point notre confiance augmente avec notre ignorance. Et comment, au contraire, avec la connaissance vient une forme d'exigence dans l'observation, et de prudence dans l'interprétation.

Nous nous dirigeons vers la sortie du parc et nous reprenons la voiture pour rejoindre le laboratoire de Francesca où ses collègues nous accueillent chaleureusement. Les baies vitrées offrent une perspective ouverte sur la montagne. Une montagne que sillonnent des loups. Un beau décor pour nous conter une jolie histoire, celle de la meute que nous avons suivie. Francesca nous raconte. À l'été 2015, le couple dominant, le mâle et la femelle alpha, a eu cinq descendants. L'été suivant, l'effectif de la meute n'a pas changé : sept individus. Le couple est resté stable. Parmi les cinq jeunes, deux sont les mêmes que l'année précédente et sont donc rentrés dans leur deuxième année. Deux sont des nouveau-nés. Mais un cinquième individu est présent et il n'est ni un nouveau-né, ni un jeune de l'année dernière… Il provient en fait d'une autre meute, bien plus à l'est. Comment se fait-il qu'il se soit dirigé vers ce territoire occupé et qu'il y soit resté ? Est-ce un individu vagabond ? Les loups sont territoriaux, pourquoi n'a-t-il pas été rejeté ? En réalité, il s'agit d'un jeune né dans cette meute trois ans plus tôt ! Un an après sa naissance, M163, de son doux nom, a opté pour l'aventure, direction le grand est. Lui et sa compagne F257 avaient prévu de s'installer sur un autre territoire, mais, une fois parvenus sur place, ils se sont trouvés confrontés à un autre couple. M163 et F257 ont finalement échoué dans leur quête d'élire domicile en ces lieux et ont dû céder la place à l'autre couple. Plus triste encore, F257 est morte. Seul, M163 s'en est retourné sur ses terres natales. Papa et maman l'ont accueilli.

Que l'on aime ou non les loups, on ne peut que s'émerveiller de cette activité qu'est la science, et de sa quête pour trouver des stratégies qui repoussent les limites de l'observation naturelle. Au Piémont, en marchant dans la neige, nous avons franchi l'une des étapes qui amènent à donner aux loups une identité. Pour en arriver à leur donner un nom, une autre piste nous attend.

Un loup avec un nom

Quelques mois plus tard, nous sommes assis autour d'une table devant un écran d'ordinateur à contempler un tableur avec une série de nombres. Les échantillons que prélèvent Francesca et ses collaborateurs partent pour un long voyage au Canada. De l'autre côté de la frontière des Alpes, une équipe de chercheurs français s'attelle au même objectif, estimer l'effectif de la population de loup, mais la destination des échantillons est un peu moins exotique. Récoltées dans les massifs du Vercors, de la Chartreuse, de Belledonne et de la Tarentaise, les crottes atterrissent à quelques kilomètres de Lyon, au laboratoire Antagene, un établissement privé reconnu au niveau international pour son expertise en génétique animale : 500 mètres carrés d'installations et d'équipements pour permettre la réalisation de milliers de tests ADN, et pas que sur le loup.

Les échantillons sont maintenant devenus des codes. Sur une même ligne du tableur, colonne après colonne, une succession de nombres à 6 chiffres « 112 120, 128 128... » que nous ne comprenons pas encore. Et puis un nom d'espèce associé à l'échantillon : loup, chien, hybride... Guillaume Queney, directeur du laboratoire, et Vincent Guillot, ingénieur biodiversité, sont assis avec nous et nous font une brève présentation. « Nos méthodes sont celles des experts de la police scientifique que l'on voit à la télé, avec exactement le même matériel et les mêmes techniques. » Guillaume se propose de nous les montrer. Nous quittons avec impatience la salle de réunion pour aller à l'étage, direction le labo.

Des artefacts ingénieux

Le laboratoire fonctionne sur le principe de la marche en avant, avec des pièces dédiées à chaque étape de l'analyse des échantillons, et surtout jamais de retour en arrière. Le flux des personnes, des réactifs, des matériels va toujours dans la même direction pour éviter des contaminations qui rendraient les échantillons inexploitables. Grâce à Guillaume et Vincent, nous allons suivre ce flux de l'intérieur.

Le voyage commence dans la salle où sont recueillis les échantillons. « Chaque matin, c'est une véritable ruche avec tous les techniciens qui s'affairent pour récupérer et référencer les échantillons reçus. » Nous découvrons ensuite une salle remplie de congélateurs où sont stockées des dizaines de milliers de tubes remplis d'ADN, collés les uns autres, identifiés par des numéros de série individuel. Rentrer dans la salle suivante nous oblige à passer par un sas. On nous demande alors d'enfiler une blouse et des surchaussures qui nous siéent à merveille. « Pour éviter toute confusion, sachez que ce n'est pas vous que l'on cherche à protéger... mais les crottes ! Il n'y a rien de toxique ici, on veut garantir l'intégrité du labo et des échantillons. » Dans le sas puis dans la salle, la pression est croissante pour chasser l'air au dehors. Car c'est ici que l'on élabore le mélange réactionnel qui conditionne toutes les étapes à venir.

Les analyses génétiques reposent sur l'amplification – c'est le terme technique pour parler de la multiplication d'une séquence génétique – ciblée des portions du matériel génétique d'intérêt grâce à une technique appelée PCR (*polymerase chain reaction*). Plutôt que de chercher une unique aiguille dans une botte de foin, les chercheurs tentent de la photocopier en amont plusieurs fois pour pouvoir plus facilement mettre la main dessus. Ils créent donc un mélange d'enzymes photocopieuses et des petites séquences d'ADN – les amorces – qui vont elles-mêmes guider l'installation de l'enzyme autour de la zone à amplifier.

C'est ce processus que nous allons pouvoir observer dans la salle suivante. Ici la pression est inversée, donc plus basse que dans le reste du laboratoire. Contrairement à la salle que nous avons traversée plus tôt, cette pièce est un lieu duquel rien ne doit sortir. Ce « rien », c'est la myriade de molécules d'ADN amplifié qui peuvent s'échapper des tubes lorsqu'ils sont ouverts et fermés par les techniciens. Sur une paillasse est alignée une dizaine de petits thermocycleurs rouges, pas bien plus grands que votre robot de cuisine. La mission de ces machines est de faire subir à l'ADN des modifications successives de température qui vont permettre le travail du photocopieur à ADN. Quand les thermocycleurs auront terminé leur mission, le fond du tube contiendra un milliard de copies de la séquence initiale amplifiée.

Cette solution ingénieuse – un microphotocopieur capable de cibler une zone précise au sein du génome – a révolutionné l'histoire de la biologie tant les applications sont nombreuses : de la recherche de maladies génétiques à la biologie de synthèse, du séquençage du génome humain à l'identification d'individus lors d'enquêtes judiciaires. Cette invention a été saluée par le prix Nobel de chimie en 1993. Elle constitue aujourd'hui un outil de base que les généticiens peuvent utiliser en routine dans leur travail. Notre culture a su imaginer et mettre au point des artefacts ingénieux qui nous permettent de répondre à des questions auparavant inaccessibles. Ces réponses fourniront à leur tour une banque de connaissances et d'outils sur laquelle s'appuyer pour traiter les problématiques de demain.

De l'observation au signal

Amplifiés ou non, nos bouts de texte restent minuscules et délicats à lire : décrypter une séquence génétique revient à scruter à la loupe les perles d'un collier de deux millionièmes de millimètres, pour ensuite la comparer à une séquence de référence de type loup ou chien. Même si de telles loupes n'existent pas, les biologistes ont trouvé une méthode astucieuse pour parvenir à observer ce monde microscopique.

Pour identifier les animaux, les chercheurs s'intéressent à des séquences génétiques bien précises et pouvant ressembler à cela : ATACATACATACATAC – les « perles » de l'ADN sont des molécules appelées par leur initiale : A, T, C, G. Ces marqueurs sont constitués d'une répétition de combinaisons très courtes – ATAC dans notre exemple. Tous les individus d'une espèce ont les mêmes motifs répétés au même endroit du génome, mais le nombre de répétitions varie entre individus. Les généticiens ne vont donc pas devoir lire le génome « perle après perle », ils vont pouvoir se contenter de mesurer la longueur de la séquence du marqueur, car la taille traduit directement le nombre de répétitions. Un séquenceur automatique est en charge de cette mission. Son travail terminé, il transmettra à l'ordinateur une courbe avec des pics : un électrophorégramme.

C'est ce graphique qui, au final, correspond au portrait que l'on tire de cet individu discret qui a marché sur une piste enneigée au milieu d'une forêt… Nous sommes loin de ce que l'on aurait pu imaginer comme image d'un loup : à la place d'une photo, un ou deux pics qui signalent la détection d'un signal révélant la longueur de deux fragments bien précis d'ADN au sein du génome de l'individu.

Reste maintenant à interpréter ces courbes pour déceler l'empreinte génétique de l'individu. On pourrait penser que la lecture des pics est une simple formalité : un pic, un signal. Mais le signal est lui-même brouillé, et des pics supplémentaires, comme des échos du pic principal apparaissent : « Vous voyez ici : le pic est facile à reconnaître. Parfois on la distingue mal de l'écho. » L'équipe d'Antagene a développé des algorithmes qui permettent de distinguer un vrai pic d'un écho dans certaines limites. Les techniciens experts formés à déceler le signal sont entraînés de manière spécifique pour quelques groupes de marqueurs seulement. Et pour limiter encore les erreurs d'interprétation, deux analystes reprennent les données, pic par pic. Ils travaillent séparément pour ne pas s'influencer. Ils confrontent ensuite leurs interprétations et les écarts sont résolus. La science se montre ici dans toute sa dimension technique, humaine et sociale.

Des critères plus fins

Nous retournons finalement dans la salle de réunion, devant le tableau de données. Nous comprenons mieux la série d'informations compilées : pour chaque échantillon, 22 codes successifs, renseignant les longueurs des fragments pour chaque marqueur et formant au final l'empreinte génétique de l'individu : « 126 126, 227 233, 219 219... » Et puis deux colonnes qui nous intéressent particulièrement car elles clôturent l'étape d'identification commencée sur le terrain : est-ce ou non un loup ? Et, si oui, quelle est son identité ?

Assigner un échantillon à une espèce repose sur une quantité importante de connaissances accumulées en amont et injectées dans le logiciel qui réalise le calcul. Le logiciel a ainsi une « attente » sur ce à quoi devrait ressembler la séquence si elle provenait d'un chien ou d'un loup. En comparant la combinaison de marqueurs analysés à ces attendus, le logiciel estime une probabilité que l'échantillon appartienne ou non à un loup.

Les espèces « loup » et « chien » sont des boîtes claires dans l'esprit de l'homme, mais leurs limites réelles sont dans les faits bien floues : les chiens sont en réalité une lignée de loup récemment isolée – 30 000 ans, ce qui est très récent à l'échelle de l'histoire du vivant. De sorte que des accouplements entre chiens et loups sont encore possibles et donnent une descendance fertile. Voilà qui complique largement le travail des généticiens, les obligeant à affiner leurs outils d'observation. Il y a peu de temps encore, les techniques d'identification des loups s'appuyaient sur 6 marqueurs seulement. Comme pour les appareils photo, une résolution plus faible aboutit à une image plus floue de l'espèce à laquelle appartient un individu donné. Le laboratoire Antagene a fait le pari de développer un panel de 22 marqueurs, car ils offrent la puissance statistique qui permet de faire face aux cas les plus complexes, y compris le défi posé par les hybrides : « Regardez cet individu : le logiciel a déterminé une probabilité d'assignation à l'espèce loup de 74,5 %, plus précisément comprise entre 55 et 90 %. »

Les scientifiques ont pour habitude d'associer chaque valeur produite à un intervalle de confiance. Cet intervalle traduit le fait qu'une marge d'erreur existe et que l'on en a conscience. On ne peut donc pas dire que « cette espèce est un loup à 74,5 % », mais plutôt que l'on est très confiant pour déclarer que cette probabilité est comprise entre 55 et 90 %. Cette manière de penser peut nous sembler étrange, voire timorée, mais elle traduit le plus finement possible l'évaluation de la confiance associée à une interprétation donnée.

Le logiciel donne enfin son verdict : si la borne supérieure de l'intervalle est en dessous de 100 %, on conclut à un hybride. Au-dessus, c'est un loup : « Vous voyez : cet autre individu a une probabilité d'assignation loup de 3 %. Sur le terrain, on pouvait hésiter, mais, là, il n'y a vraiment pas photo. C'est un chien. »

Ce seuil permet de donner le moins de place possible à l'interprétation subjective. C'est grâce à de telles méthodes, fiables et transparentes, que l'on a pu établir qu'au sein des meutes de loups le taux d'individus reconnus comme des hybrides est de 8 % environ[2]. Bien en deçà des nombres parfois avancés sur des blogs ou des sites Web qui avancent que la majorité de ces animaux sont en réalité des hybrides et cherchent ainsi une légitimité pour pouvoir les chasser.

Pour les ADN de chiens et d'hybrides, l'histoire se termine ici. Mais pour ceux que l'on aura identifiés comme loups, le travail se poursuit par une identification individuelle. Dans le grand tableau de données, tout au bout de la ligne, après l'espèce, une colonne correspond à l'assignation individuelle de l'échantillon. Guillaume nous présente un individu, déjà identifié quatre ans plus tôt. Comment peut-on être sûr que les deux échantillons appartiennent au même individu ? Les résultats avec les 22 marqueurs sont injectés dans différents logiciels, qui comparent l'empreinte génétique de l'individu en question à celles contenues dans une base de données de tous les loups identifiés jusqu'à présent, avec une petite marge d'erreur. Chaque individu reçoit un code – cinq petits signes au total – qui traduit la capacité des chercheurs à reconnaître chaque loup individuellement, l'un après l'autre.

Mission accomplie. Chaque échantillon a été assigné à une espèce et chaque loup a reçu un nom. Ce résultat est nécessaire, mais encore insuffisant pour répondre à ceux qui se demandent combien de loups sillonnent le territoire français. C'est la troisième étape de notre périple qui nous attend maintenant, à la découverte de nouveaux outils susceptibles de nous apporter les réponses aux questions encore ouvertes. Nous disons au revoir à Guillaume et Vincent aux portes d'Antagene pour poursuivre notre voyage à la rencontre des équipes qui collaborent avec les généticiens et les aident à faire parler leurs résultats.

Une hirondelle ne fait pas le printemps

Le sujet du loup n'anime pas uniquement les discussions autour du comptoir ou sur les réseaux sociaux. C'est également et surtout un sujet politique, rendu complexe par le tiraillement entre deux contraintes. La première est un objectif de conservation : le loup est une espèce dite d'« intérêt communautaire » et la loi européenne impose aux États membres d'assurer la viabilité de la population dans le temps. Des mesures doivent être prises pour le maintien de zones d'habitats favorables pour la reproduction et la survie des individus. En même temps, l'État cherche à garantir une cohabitation socialement et économiquement acceptable entre le loup et les activités humaines. Comment ? En abattant un pourcentage variable d'individus, qui dépend du nombre total d'animaux présents sur le territoire. C'est donc le décideur politique lui-même qui demande aux experts une estimation précise de cet effectif de loups, ainsi que son évolution dans le temps. Pour cela, l'État français s'appuie sur un organisme : l'ONCFS, c'est-à-dire l'Office national de la chasse et de la faune sauvage, et sur des laboratoires d'écologie qui collaborent avec l'office. Quelques mois plus tard, nous prenons donc le train pour l'un de ces laboratoires à Montpellier : le Centre d'écologie fonctionnelle et évolutive (CEFE).

Construire une représentation de la réalité

Le CEFE est situé non loin du centre-ville. Le bâtiment est en forme de Y. À la jonction des trois branches, une ouverture dans le toit permet aux scientifiques de profiter du soleil du sud de la France. C'est là que sont stratégiquement placées les machines à café et c'est également ici que nous faisons connaissance avec la bonne humeur d'Olivier Gimenez, l'un des scientifiques sollicités par l'État pour son expertise dans l'étude des populations de loups. Nous rencontrons aussi les membres de son équipe. Les uns travaillent sur la dynamique des populations d'éléphants, les autres sur les loups, les lynx, les ours, les dauphins… Une diversité d'univers tous reliés par un dénominateur commun : la conception de modèles pour l'étude de populations animales sauvages.

Si vous demandez pourtant à Olivier de vous définir ce qu'est un modèle, sa première réponse – « Oh purée… ! » – vous laisse entendre que les choses ne sont pas si simples. C'est qu'il n'existe pas un seul type de modèle, mais une grande diversité. Leur fonction est cependant toujours la même : aider le chercheur à mieux comprendre les phénomènes et les systèmes qu'il étudie, malgré leur complexité. Un modèle scientifique est une représentation du monde suffisamment simple pour être intelligible, mais qui doit éviter l'écueil de devenir simpliste pour autant.

Pour répondre à la question des effectifs de loups dans les Alpes françaises, l'équipe d'Olivier a ainsi développé un type de modèle destiné à extrapoler la taille de la population à partir des données de génétique inévitablement incomplètes récoltées sur le terrain. Vous pouvez en effet très facilement vous rendre compte combien il est irréaliste de dénombrer une population en identifiant chacun de ses individus. Pour chaque échantillon collecté, de très nombreux sont manqués. Il est impossible de récupérer l'ADN de chaque loup présent sur l'ensemble d'un territoire. Puisque le lot de loups observés ne représente donc qu'une fraction des loups qui peuplent les forêts alpines, comment parvenir à estimer l'effectif total de la population ?

La stratégie plus utilisée est celle connue sous le nom de capture-marquage-recapture. Tout commence par une première session de capture et de marquage des individus. Ces termes font référence à la méthode initialement développée chez des animaux que l'on capturait une première fois, que l'on marquait de manière individuelle, par exemple à l'aide d'une bague ou d'un collier, pour pouvoir le reconnaître plus tard. On privilégie aujourd'hui, quand cela est possible, une méthode qui ne nécessite pas de capturer les individus : on collecte l'ADN des individus à la manière de Francesca et on note leur génotype – une sorte de code-barres – grâce au travail des généticiens comme ceux d'Antagene.

À la fin d'une session, les scientifiques ont donc capturé et marqué une proportion d'individus de la population totale. Pour l'instant, ils ne connaissent pas cette proportion. Ils ne savent pas s'ils ont capturé un dixième ou un centième de la population présente sur le territoire. S'ils arrivent à connaître cette proportion ils pourront par une simple règle de trois, ou presque, estimer le nombre d'effectifs de la population totale, à partir du nombre de captures effectuées.

Lors d'une prochaine session, ils vont à nouveau réaliser des captures. Parmi le nombre d'individus déjà marqués, ils vont en recapturer une certaine proportion. La proportion des recaptures est, moyennant certaines précautions, la même que celle recherchée[3]. Il est maintenant possible d'estimer le nombre total d'individus dans la population.

Les scientifiques s'appuient donc sur des données partielles obtenues sur le terrain et au laboratoire de génétique pour inférer un nombre total d'individus. Grâce à quelques simplifications, ils peuvent reconstituer la population de loup, son effectif, mais aussi la proportion de mâles et de femelles, de jeunes et de vieux, etc. : « C'est un peu comme quand on fait les recensements sur la population humaine, sans être capable d'aller rencontrer chaque citoyen de la population », nous dit Olivier. Grâce à l'intégration de méthodes et d'outils de différente nature – la récolte de données sur le terrain, l'analyse génétique, les méthodes statistiques –, la science parvient à construire une représentation aussi objective que possible de la réalité des effectifs. Ainsi, les scientifiques peuvent déclarer que la population de loups en France est établie autour de 500 individus en 2019. Le ressenti personnel n'a pas de place dans le processus.

Prendre en compte la variabilité et la complexité

L'effectif de la population n'est qu'une partie du problème qui intéresse notre société. Ceux qui cherchent à protéger l'animal comme ceux qui souhaitent limiter son impact sur les activités humaines posent aux scientifiques une question plus difficile encore : quel sera le nombre de loups en France dans vingt, cinquante ou cent ans ?

Si cette question est si difficile, c'est que les systèmes écologiques comme les populations de loups ont des caractéristiques particulièrement propices à mettre en défaut nos outils cognitifs naturels. En premier lieu, ils sont caractérisés par une grande variabilité. Ainsi, deux meutes de loups ne se comportent pas exactement de la même manière – elles n'ont par exemple pas le même nombre de petits chaque année. Deux louveteaux ne sont pas non plus identiques : ils ne vivront probablement pas le même nombre d'années par exemple. Tous ces phénomènes – la natalité, la mortalité – ont des causes bien précises que l'on peut déterminer après coup, mais qu'il est impossible de prévoir à l'avance. La connaissance que l'on peut avoir d'une population, comparée à la connaissance d'un individu ou d'un groupe spécifique d'individus, comme une meute, ne pourra donc qu'être imparfaite, accompagnée d'incertitude. Pire, lorsque la mission est de décrire l'évolution de cette population dans le futur, l'incertitude qui existe à un instant *t* peut s'amplifier dans le temps. Car les systèmes écologiques représentent des systèmes chaotiques : ils se comportent comme l'image bien célèbre selon laquelle un battement d'ailes peut influencer la météo à des kilomètres de là. On parle de « chaos » – dans son acception mathématique du terme – pour décrire cette très grande sensibilité aux conditions initiales. Ainsi, toute la variabilité présente dans le système actuel, toute cette incertitude que l'on a sur chacune des meutes et chacun des loups peut amener le scientifique vers des prédictions très différentes sur le devenir des loups dans dix ou vingt ans. C'est dire si l'on marche sur des œufs !

Les populations de loup partagent une autre caractéristique qui rend difficile la prévision à leur égard : elles forment des systèmes complexes. Cela signifie que les nombreuses variables qui expliquent l'état d'une population et son devenir agissent de concert et interagissent même entre elles. L'effectif de la population dans vingt ans est influencé par son effectif initial, sa distribution géographique sur le territoire, le taux de consanguinité dans la population, l'équilibre relatif entre mâles et femelles... Or ces variables, propres à chaque espèce, dépendent à leur tour d'un grand nombre d'autres variables. Les variations d'effectif par exemple, dépendent du nombre de naissances et de décès dans chaque meute sur une période donnée ; mais elles dépendent également du nombre d'individus qui proviennent de populations voisines. Et, on l'a vu, la population de loups française est alimentée par la population italienne, *via* les Alpes. Ce flux peut lui-même être favorisé par la présence de forêts ou, au contraire, freiné par l'extension de villes. Ces deux facteurs s'expliquent eux aussi par de nombreuses autres conditions qu'il faudrait aussi prendre en compte dans la prédiction. Imaginez-vous refaire ce même exercice pour chacune des variables considérées... De plus, toutes ces relations de cause à effet s'imbriquent dans un réseau de chaînes entremêlées où chaque facteur a de nombreuses causes et de nombreux effets. Quand on regarde ces chaînes de plus près, on observe une subtilité supplémentaire : il existe des boucles de rétroaction, c'est-à-dire des cas où la conséquence d'un phénomène peut devenir sa cause et le renforcer (rétroaction positive) ou, au contraire, devenir un facteur qui l'inhibe (rétroaction négative). Par exemple, si l'effectif d'une population d'une espèce comme le loup passe sous un certain seuil, tout s'accélère négativement : les loups trouvent moins facilement de partenaires, leur patrimoine génétique s'appauvrit et ils deviennent plus sensibles à des maladies… Un phénomène a donc initié une première réduction de la population. Celle-ci a abouti à des effets qui, en retour, ont entraîné une nouvelle diminution de la population. Ce type de rétroaction complique la compréhension du système et la prédiction de son devenir.

Accepter la variabilité interne aussi bien que le caractère chaotique et multifactoriel des systèmes qu'ils étudient est le premier effort qu'accomplissent les scientifiques. La deuxième étape est de tenter, malgré tout, de fournir les meilleures réponses possibles à ceux qui devront prendre des décisions de gestion. Pour cela, ils s'autorisent à simplifier la réalité en suivant une stratégie bien précise.

Les modèles prédictifs

Les modèles, notamment informatiques, permettent précisément d'aborder les questions épineuses comme celle du devenir d'une population sauvage, en tenant compte de leur complexité. Comment fonctionnent-ils ?

Face à l'impossibilité de prédire chaque situation à laquelle on pourrait être confronté, les scientifiques identifient un certain nombre de règles simples, mais représentatives du système qu'ils veulent décrire. Par exemple : « Lorsqu'un mâle en croise un autre, il peut se battre avec et gagner ou perdre son duel », ou bien : « Si c'est une femelle et qu'ils sont tous les deux adultes et de sexe opposé, ils pourront essayer de s'établir sur un nouveau territoire, à condition qu'ils rencontrent des conditions favorables », etc. Ces règles sont insérées dans un programme informatique : une simulation. À partir de là, la simulation se déroule toute seule ; si tel phénomène induit plusieurs conséquences, la simulation les génère sans que le scientifique ait eu à l'anticiper. Quand on ajoute une interface graphique – cela se fait parfois, surtout à des fins de communication pour un public extérieur –, on voit concrètement à l'écran les animaux se déplacer, se reproduire et mourir comme pour une vraie population. Comme dans un jeu vidéo.

Pour mieux se rapprocher de la réalité, le programme intègre de manière aléatoire des caractéristiques pour chaque individu qui compose la population simulée : il tire donc au hasard, pour un loup donné, des valeurs de mortalité, de natalité, etc., parmi une gamme de valeurs réalistes, estimées sur le terrain. De sorte que deux simulations ne peuvent jamais être complètement identiques même dans des conditions similaires. Certaines fois, la population s'épanouira ; d'autres fois, elle s'éteindra. Une série d'événements malheureux a entraîné une reproduction particulièrement faible, ou une mortalité trop élevée : pas de chance, cette population-là s'effondrera. Au contraire, une population a rencontré des conditions favorables : elle s'étendra à de nouveaux territoires.

Pour gérer cette divergence de prédiction d'une simulation à l'autre, on répète la simulation encore et encore. Peut-être un million de fois. Et, pour chaque simulation, on se pose la même question : qu'est devenue la population au bout de dix, cinquante ou cent ans ? Est-elle passée sous un seuil critique qui la mènera vers une extinction probable ? S'est-elle, au contraire, étendue à de nouveaux territoires ? La répétition des simulations permet d'entrevoir des tendances. Ces tendances se dessinent lorsque la plupart des simulations convergent pour raconter une même histoire, montrer un même résultat. On peut prédire ainsi que dans telles conditions – un certain taux de loups tués chaque année, une certaine évolution des forêts, etc. la population va, ou non, se maintenir. Le décideur politique pourra ainsi adapter ses stratégies et ses décisions (par exemple un pourcentage de loups abattus) en fonction des conséquences que le modèle aura prédites.

Il y a cependant un horizon temporel au-delà duquel les différentes simulations racontent chacune une histoire différente, et il devient impossible de déceler une tendance dominante. Toutes les histoires, toutes les issues se valent, aucune prévision n'est plus probable qu'une autre. Les météorologues sont confrontés au même problème : au-delà d'un nombre de jours donné, ils sont incapables de fournir la moindre prédiction. Pourtant, le décideur politique, comme le citoyen, interroge le scientifique et exige une réponse précise à une question déterminée : combien y aura-t-il de loups dans cent ans ? Cette question traduit une mauvaise compréhension de la nature de la modélisation scientifique et des phénomènes écologiques qu'elle est censée représenter.

La première erreur est justement d'oublier que toute prédiction ne peut se faire que sur un pas de temps : l'horizon. Concernant le loup, les projections des modèles au-delà de 2030 divergent tellement qu'elles se révèlent sans intérêt. Déclarer qu'il y aura entre 0 et 1 000 loups en France dans cent ans ne va pas aider grand monde. Le scientifique, prudent, déclare alors qu'il ne peut pas fournir de réponse sur les effectifs de loups au-delà de dix ans. Définir l'horizon en deçà duquel il peut émettre une prévision est un résultat fondamental pour tout expert de la prédiction. C'est une victoire qui peut sembler modeste. Elle représente, en fait, l'attitude nécessaire dans tout exercice de prédiction et permet d'affirmer de manière objective ce que l'on sait et ce que l'on ne sait pas. Un gage indéniable de fiabilité.

La seconde erreur est de négliger la grande variabilité propre aux objets comme les populations de loups. Impossible d'apporter une réponse ferme assortie du nombre précis de loups qu'il y aura dans dix ans. Ce que le modèle permet de faire, c'est de définir des probabilités que tel ou tel scénario arrive. Par exemple, si 100 simulations sur 1 000 mènent à 1 extinction, l'expert déclarera que le risque déterminé d'extinction est de 10 %.

Une prédiction scientifique ne sort pas d'une boule de cristal : elle est le fruit d'une stratégie qui incorpore l'action du hasard et s'exprime donc en estimant la probabilité de réalisation de la prédiction. En agissant ainsi, les scientifiques font preuve de l'humilité qui peut nous faire défaut face aux objets complexes.

Notre monde est rempli de phénomènes qui se comportent, comme le devenir d'une population de loups, de manière chaotique et complexe. Les modèles sont des artefacts issus de notre histoire culturelle qui tiennent compte de ces aspects et manipulent un bien plus grand nombre de relations causales et de mécanismes qu'un cerveau pourrait en traiter. Ce faisant, ils délivrent des prédictions certes imparfaites, mais aussi précises que possible lorsqu'on tient compte des caractéristiques des phénomènes réels.

Lutter contre l'illusion de savoir

Lorsqu'on oublie de considérer la complexité du monde réel, le risque existe de tomber dans une illusion de connaissance : on croit notre savoir plus solide et fiable qu'il ne l'est en réalité. On adopte des solutions qui semblent aller de soi mais sont en réalité le fruit d'intuitions erronées, de mythes qui circulent ou de dogmes. Dans le domaine de la gestion et de la conservation de la nature, beaucoup de pratiques sont basées sur des anecdotes et des mythes plutôt que fondées sur des preuves[4].

Les éleveurs et les chasseurs qui vivent au contact du loup et font l'expérience de sa présence ont peut-être une connaissance plus importante de l'animal qu'un citoyen de la ville. Mais cette connaissance reste imparfaite compte tenu de la complexité du phénomène, et le risque de voir des convictions erronées s'installer est grand. Ainsi, on pourra entendre : « Les loups mangent des proies sauvages et entraînent donc une baisse de leurs effectifs », ou encore : « Il faut continuer les tirs de prélèvement pour limiter les attaques sur les troupeaux domestiques : les tirs tuent les loups, donc moins de loups égale moins d'attaques. » Élémentaire, non ? On aurait presque envie de demander : a-t-on vraiment besoin de la science face à de telles évidences ? La réponse est oui. Voyons pourquoi.

À l'heure actuelle, les scientifiques explorent différents scénarios possibles concernant l'impact des prélèvements. On sait, par exemple, que la compétition territoriale entre meutes impacte fortement la survie des loups. Les tirs pourraient réduire la taille des meutes, diminuer la compétition… et ainsi améliorer la survie des membres restants – une conséquence contre-intuitive opposée à celle que l'on cherchait. L'intégration d'animaux externes permettrait alors aux meutes de persister. Les tirs pourraient aussi interagir avec les attaques, tels de véritables boucles de rétroactions inextricables : si un tir entraîne une dissolution de la meute, les individus solitaires restants pourraient se retourner vers des proies faciles et entraîner plus d'attaques sur les troupeaux. « Les tirs pourraient avoir des effets surprenants », conclut Olivier.

L'État, quant à lui, utilise d'ores et déjà les tirs de prélèvements comme méthode principale pour contrôler les dégâts exercés par la population de loups sur les troupeaux domestiques, sans que l'on ait pu prendre le temps de s'assurer de l'effet produit. « À titre personnel, nous dit Olivier, c'est très frustrant de voir que beaucoup de choses sont dites, mais sans reposer sur des preuves scientifiques. »

Pour répondre à ce besoin de connaissances, l'ONCFS a recruté Oksana Grente. Au cours de sa thèse qu'elle effectue sous la direction d'Olivier, Oksana a notamment pour mission de construire un modèle pour mieux appréhender les effets des tirs exercés sur les loups. Elle nous présente son travail ainsi : « Les gens ont beaucoup d'idées sur ce qui se passe au niveau des attaques sur les troupeaux, et concernant les tirs sur les loups. Tout l'enjeu est de déterminer ce qui a un rôle, et ce qui n'en a pas. » Oksana est épaulée dans sa mission par Sarah Bauduin, également chercheuse au CEFE, et qui apporte son expérience dans la construction des modèles informatiques.

Oksana a débuté sa mission en rassemblant toutes les connaissances biologiques dont on dispose actuellement sur le loup. Sarah a eu l'idée de s'appuyer sur un modèle qui avait été proposé par Francesca Marucco. La simulation fonctionne ici par cycles d'une année. Au cours d'un cycle, l'individu traverse des « blocs ». Le premier bloc détermine sa reproduction : s'il ne s'agit pas d'un individu alpha, il ne se reproduit pas ; si c'est un alpha, on détermine au hasard la taille de sa portée. Le deuxième bloc augmente son âge de 1 an. Un troisième bloc détermine s'il meurt ou non, en fonction de son âge, de son statut reproducteur ou disperseur. Enfin, le quatrième bloc détermine le changement éventuel de son statut : des individus peuvent partir en dispersion, intégrer d'autres meutes… Les chercheuses ont dû porter leur attention sur des détails indispensables dans cette étude, comme la manière dont les jeunes quittent leur meute pour rejoindre une autre meute, sans être des alpha. Ou ce qui se passe lorsque les alphas sont remplacés au sein des meutes par des subordonnés ou des disperseurs. Tous ces événements, les tirs de prélèvement vont les rendre plus probables.

Après avoir accumulé des connaissances sur le fonctionnement des meutes, Oksana s'est penchée sur les comportements d'attaques des loups sur les troupeaux domestiques. Une hypothèse est que la meute est plus tentée d'attaquer des troupeaux domestiques si elle a un besoin de nourriture plus important, bien sûr, mais aussi si elle contient plus de jeunes. Les connaissances du territoire et la maîtrise des techniques d'attaque sont alors plus faibles au sein de la meute, car le groupe est moins expérimenté.

Vous aurez reconnu ici l'ensemble des règles simples que le scientifique intègre dans un modèle informatique. Quand le modèle sera achevé, les scientifiques pourront observer comment le système se comporte dans son ensemble et comment il réagit à des perturbations comme l'ajout de tirs létaux. En répétant un grand nombre de fois les simulations, des propriétés émergentes à l'échelle de la population devraient se dessiner et éventuellement remettre en cause certaines idées reçues.

Assembler ces trois briques – comportement des meutes, attaques sur les troupeaux, tirs de prélèvement et de défense – dans un même modèle n'a pour l'instant jamais été fait. Oksana vient préciser le point de vue de l'équipe de chercheurs : « On se doute qu'il y a un effet ! Mais la grande question c'est : à quelle échelle ? » S'il y a une diminution des attaques, durera-t-elle un jour, un mois, une année ? Concernera-t-elle uniquement le troupeau attaqué ou les autres troupes de la région ? « L'objectif est de rendre la diminution la plus efficace possible », ajoute-t-elle. Et on serait tenté d'ajouter : en limitant le recours aux mesures létales, d'autant plus que l'espèce est protégée.

Ici, lutter contre les illusions de savoir peut permettre de nous aider à déterminer la meilleure stratégie possible, plutôt que de rester ancrés sur les méthodes de gestion du passé. La thèse d'Oksana durera trois ans. Les objets sont complexes, la science est lente. Patience donc.

Sur la piste des observateurs du loup

Étudier et comprendre le devenir de la population ne se réduit pas à une simple question d'effectifs. Les scientifiques s'évertuent également à comprendre la distribution actuelle du loup sur le territoire français, et notamment les facteurs qui expliquent sa présence ou son absence – activités humaines, présence de proies, conditions climatiques etc. Une telle connaissance pourrait permettre d'anticiper les territoires que le loup sera amené à coloniser demain. Avec des conséquences pratiques, comme la sensibilisation et la formation des acteurs locaux à la présence du loup, afin de minimiser les éventuels conflits qui pourraient émerger. Aborder cette question va être pour nous l'occasion de souligner deux solutions envisagées par la science pour corriger le caractère imparfait de nos observations : une réflexion permanente sur les sources de ces imperfections, et le recours à des méthodes complémentaires d'observation qui atténue l'impact négatif des défauts d'une méthode donnée.

Prendre en compte les limites des méthodes d'observation

Lorsqu'ils évoquent leur travail, tous les écologues que nous avons rencontrés partagent la même satisfaction : celle de pouvoir s'appuyer sur un réseau d'acteurs formés et encadrés. En France, ce réseau étendu, nommé « réseau Loup-Lynx », est particulièrement reconnu pour sa qualité : ce sont environ 4 000 correspondants répartis sur une large partie du territoire français, pour la plupart des professionnels de la nature, agents de parcs naturels ou bénévoles habitués au terrain, qui ont suivi une formation par les animateurs de l'ONCFS. La création d'un tel réseau, c'est la réponse qui a été apportée pour parvenir à monitorer une espèce comme le loup, sachant que les territoires qu'elle parcourt sont vastes, difficiles d'accès et que les densités de population sont faibles – de l'ordre de 1 à 3 loups pour 100 kilomètres carrés. Un tel réseau étend donc les capacités de suivi de la population de loups, bien au-delà de ce que pourraient faire les quelques chercheurs, et leurs stagiaires, spécialisés en écologie. Olivier nous fait comprendre toute l'importance qu'il attache à ce réseau d'observateurs : « 4 000 observateurs quand même… je peux vous dire que les autres pays nous envient… Quand tu couples les données récoltées avec des analyses propres, ça devient vraiment chouette sur le plan scientifique… »

S'appuyer sur ce réseau est donc une opportunité précieuse pour les scientifiques… du moins, si elle est utilisée de manière réflexive. Les observateurs récoltent en effet des données que l'on qualifiera d'opportunistes, en ce sens qu'elles ne sont pas recueillies par le biais d'un cadre régulier et constant : les observateurs ne sont pas des spécialistes du loup et ils se limitent à enregistrer les traces de sa présence qu'ils remarquent au cours d'activités de terrain effectuées dans le cadre de leur profession. De telles observations présentent le même risque que celui qui nous guettait au moment d'établir un lien trop hâtif entre douleurs articulaires et météo : appuyer son interprétation sur des données biaisées, imparfaitement récoltées. Les observateurs ne sont en effet pas distribués de manière uniforme sur tout le territoire et ils ne réalisent pas leur sortie à des intervalles réguliers. Dans ces conditions, si l'espèce n'est pas vue, c'est qu'elle n'est pas présente sur le territoire… ou qu'elle n'a pas été détectée ! « Dire que l'espèce est absente est la chose la plus difficile, car ne pas voir de traces ne peut pas être utilisé directement pour déduire son absence », rappelle Olivier qui nous met en garde. On parle de faux négatif quand on déclare à tort qu'un objet ou un phénomène est absent. Avec le risque de penser de manière erronée que l'espèce n'apprécie pas un type d'environnement particulier. Par exemple, s'il est plus difficile de détecter les loups dans certaines zones, comme une zone de forêt dense, le risque est de conclure trop vite que le loup délaisse ce type de milieu, et ainsi de sous-estimer sa présence future dans un milieu densément boisé.

Olivier nous explique que la solution à ce problème est d'intégrer dans les modèles les caractéristiques des outils d'observation – en l'occurrence, les observateurs eux-mêmes[5] : « L'obstacle qu'on rencontrait était justement d'estimer toutes les non-détections. Jusque-là, on ne pouvait pas dire : “Ce jour-ci, à cet endroit, Monsieur X est sorti et il n'a rien vu.” » Son équipe a eu l'idée d'exploiter une base de données concernant les informations sur les membres du réseau Loup-Lynx que l'ONCFS avait récoltées *via* des questionnaires distribués lors des formations sur le loup. Julie Louvrier, qui à l'époque était en doctorat sous la direction d'Olivier, a pu intégrer dans le modèle le comportement des observateurs, leurs motivations à être sur le terrain. La profession des membres a été utilisée pour estimer le rayon d'action de chaque observateur, le temps passé sur le terrain et la zone potentiellement couverte. Les scientifiques du CEFE et de l'ONCFS ont alors pu dresser une carte qui répertoriait, pas encore la présence du loup, mais les zones plus scrutées par les observateurs, et celles qui l'étaient moins. Plus la zone est prospectée et plus le modèle, donc le scientifique, est à même de conclure que si aucun signe de présence n'est trouvé, alors c'est que l'espèce est effectivement absente de ce site. Il devient ainsi possible de corriger la carte de présence du loup préalablement établie, et ce sans disposer de nouvelles données, simplement en comprenant mieux la manière dont les informations ont été récoltées sur le terrain. Grâce au travail de Julie, les chercheurs du CEFE ont donc pu quantifier la part sous-estimée du nombre de sites occupés par l'espèce. Ils ont également pu inférer la présence de l'espèce sur des sites qui n'avaient été pas ou peu prospectés jusqu'alors. Certains résultats ont permis de mettre en évidence des données difficiles à prévoir – par exemple que les zones où la densité des routes est plus élevée sont des zones où la présence du loup est sous-estimée. Les précédents modèles avaient permis de dresser une première connaissance : une première carte des zones de présence du loup. En prenant le temps de comprendre les limites des méthodes d'observation utilisées, les scientifiques ont pu corriger leur interprétation et produire une représentation plus fiable et plus proche de la réalité de la situation du loup en France.

Des observations indépendantes convergentes

Chaque observation que l'on fait sur le monde est forcément entachée d'une erreur, liée aux méthodes et aux outils que l'on utilise. Déterminer la répartition exacte du loup en France ne peut donc se faire que par une approche réflexive comme celle que nous venons de découvrir, mais également par une combinaison de méthodes indépendantes qui apportent chacune leurs avantages et comblent les manques des autres. Exploiter cet arsenal de méthodes complémentaires, c'est la force du suivi du loup. À la fin de chaque hiver, la génétique dresse un panorama de la situation à l'échelle nationale. Mais des hypothèses non résolues persistent. Actuellement, les nouvelles meutes qui se forment comblent les zones vacantes encore libres ; cela peut les conduire à s'installer à proximité du territoire d'une ancienne meute. Un ensemble de données collectées en un même lieu peut ainsi s'interpréter comme la trace d'une seule et même meute ou comme celle de deux meutes proches. Dresser la carte des territoires des loups aide à comprendre la dynamique de la population. Durant l'été, quand la lecture des traces dans la neige n'est plus possible, les membres de l'ONCFS mettent en œuvre un protocole étonnant pour obtenir des informations complémentaires à celles fournies par l'ADN et ainsi clarifier leur compréhension de la population française de loup.

Nous partons en leur compagnie pour terminer notre périple. Nous partons avec eux hurler au loup.

En ce début de soirée de fin d'été, nous rejoignons Pierre-Emmanuel Briaudet, responsable du suivi loup à l'ONCFS, à la maison du parc de Lans-en-Vercors, un petit village au cœur des Alpes françaises. Le rendez-vous, horaire et lieu, a été confirmé seulement quelques heures auparavant. Chaque soirée de suivi estival du loup est dictée par les événements récents : l'adaptation est de rigueur. La réunion d'équipe ne va pas tarder à débuter. Des volontaires ont rejoint des membres de l'ONCFS pour la mission du soir. Le responsable de la mission, Philippe Cotte, répartit les membres en petites équipes de deux à quatre participants. Chaque équipe se voit attribuer une zone précise sur laquelle elle devra se poster. Cette première étape terminée, chacune reçoit ses ordres. Le bon déroulé des opérations dépend d'un respect strict des consignes attribuées aux uns et aux autres. Les modalités sont énoncées pour clarifier les esprits un peu novices, et nous en profitons pour découvrir les grandes lignes de ce qui nous attend. D'après les dernières données, la soirée devrait être favorable à leur écoute...

Il fait encore jour quand Pierre-Emmanuel nous embarque en voiture en direction du point d'observation. C'est l'occasion de commencer à mieux comprendre le rôle précis des études en cours. Les sessions de hurlements se font de manière ponctuelle. Plusieurs centaines de points d'écoute sont réparties dans les Alpes et chaque été, on vient écouter les loups hurler. Le choix de la période, d'août à septembre, n'a pas été laissé au hasard. À cette période de l'année, la présence des louveteaux amène la meute à rester groupée autour de sites fixes qu'on appelle les sites de rendez-vous. Ces sites sont décalés de la tanière. Ce sont plutôt des lieux de socialisation, souvent en bordure de forêt. Le soir, les membres de la meute se regroupent et peuvent hurler ensemble au niveau de ces sites, il est donc possible de distinguer les vocalises des louveteaux de celles des adultes et de confirmer ainsi s'il y a eu reproduction et quel est le statut de meute. « La génétique peut nous donner l'image d'une grande patate d'indices, avec deux paquets qui semblent se distinguer. Mais la résolution spatiale de l'image n'est pas assez fine. Ce soir on aura peut-être déjà une réponse plus précise des choses. » Notre écoute se fera depuis un point en hauteur au milieu de la forêt. D'autres équipes sont réparties un peu partout. Chacun devra estimer au mieux d'où proviennent les hurlements. Le recoupement des directions et des distances estimées donnera une image de la position de la meute. Surtout, il permettra d'apporter des indices en faveur de l'une ou l'autre des hypothèses : une, deux ou trois meutes dans la zone ? Si les hurlements viennent de zones différentes de celles enregistrées l'année précédente – le site témoin –, ce sera un indice en faveur de l'hypothèse de la présence d'une nouvelle meute.

L'obscurité tombe alors que nous circulons entre les sapins et les épicéas. Nous arrêtons enfin la voiture et nous montons une petite colline pour atteindre notre point d'observation. La vue est dégagée sur la forêt à 180 degrés, en direction du sud, la zone qui nous intéresse de manière préférentielle. Nous sommes face au site témoin, où la meute historique se trouvait l'année dernière. Les talkies-walkies sont allumés, et on reçoit des informations de toutes les équipes. L'opération va commencer. Le protocole nous est détaillé. Nous n'avions pas osé demander pourquoi il avait fallu gravir la colline avec des plots encombrants, ceux-là mêmes que l'on croise sur le bord des routes en travaux, mais nous voilà fixés autant qu'amusés : nous allons utiliser ces plots pour hurler nous-mêmes à la manière de loups… et guetter leur réponse. Philippe donne les dernières indications. « On va hurler pendant trente secondes. Pierre-Emmanuel va commencer et dès qu'il va baisser d'intonation, tu prends le relais. Je terminerai. » Un discours impossible à transcrire s'engage sur la bonne tonalité du « houhou » à tenir. Pierre-Emmanuel nous explique que les loups peuvent répondre immédiatement, ou se montrer curieux, se déplacer et ne répondre qu'au deuxième ou au troisième coup. Le compte à rebours est lancé par talkie-walkie. Et voilà, nous hurlons au loup. Les trente secondes se terminent, nous tendons l'oreille… Après quelques longues secondes de silence, des hurlements provenant du sud s'élèvent dans la forêt. Émotion garantie. Au bout de trois minutes, le dispositif reprend. De nouveau, les loups répondent. Une troisième session est lancée. Pierre-Emmanuel fait un tour des équipes. Chacune, individuellement, transmet ses observations. Certaines pensent avoir entendu des jappements de louveteaux, signe de reproduction. L'équipe en face de la nôtre a entendu les hurlements plein nord. Les informations – heure, azimut – sont inscrites sur des fiches standardisées. Un premier bilan est dressé, mais un doute persiste dans l'esprit de Pierre-Emmanuel. La curiosité est trop forte. Il fait maintenant nuit lorsque nous remontons en voiture et notre petit groupe s'enfonce encore plus dans la forêt, en direction de la zone de provenance des hurlements. À presque minuit, en pleine forêt, nous hurlons une dernière fois. La réponse est immédiate et bien plus proche que les fois précédentes. Mélangés aux hurlements des adultes, les jappements des louveteaux. La reproduction est confirmée et le positionnement affiné. Les données semblent claires maintenant : la meute a été entendue à 5 kilomètres du site témoin. Ce constat est compatible avec un simple déplacement de meutes. « À ce niveau-là, c'est cohérent de ne pas considérer qu'on a une meute en plus, malgré d'autres éléments. Il y aurait trop de risques de se tromper. On préfère être conservateur. Cela dit, nous ne rejetons pas non plus l'hypothèse. Nous attendons de nouveaux indices cet hiver. »

Les scientifiques qui étudient le loup mettent en œuvre un arsenal de méthodes d'observation complémentaires – génétique, observations opportunistes, hurlements provoqués – qui leur permettent de ne pas dépendre d'une seule stratégie, avec ses inévitables imperfections. Ce travail de longue haleine permet de donner des conclusions avec un certain niveau de confiance, mais s'autorise, aussi souvent que nécessaire, à suspendre son jugement et attendre une confirmation ultérieure à une hypothèse encore incertaine. D'aucuns pourraient trouver frustrante cette manière de penser. C'est pourtant la seule manière de donner les garanties exigées par ceux qui baseront leurs prises de décision future sur les études menées par Pierre-Emmanuel et ses collègues.

3

Message à emporter : prudence et rigueur

Vous nous avez accompagnés dans les Alpes italiennes puis françaises, à la recherche du loup, grand prédateur de nos forêts. La balade fut, nous l'espérons, agréable. Elle aura peut-être nourri votre curiosité. Combien de fois en effet avons-nous la chance de voir se dérouler sous nos yeux toutes les étapes d'une démarche scientifique, depuis la récolte des données sur le terrain, jusqu'à leur interprétation dans un laboratoire de recherche ? En réalité, nous poursuivions un objectif supplémentaire : rendre explicite la différence de nature entre l'opinion courante et la connaissance fondée sur des preuves.

« Encore une attaque de loup hier. Ils envahissent la région et sont maintenant plus de 2 000 », lira-t-on dans un blog, sur une page Facebook ou dans un tweet. Au cours de notre sortie, Francesca Marucco témoignait de sa frustration : ce genre d'affirmation, véhiculé sans l'appui de données rigoureusement établies, est souvent mis sur le même plan que les communications qui émanent de son laboratoire et de son projet. Comme si les centaines d'heures d'observation « critériée » sur le terrain, les analyses génétiques dans des laboratoires de pointe et les résultats de modèles savamment construits n'avaient aucune valeur ajoutée aux yeux du grand public. L'équipe de Francesca en Italie comme celle de l'ONCFS en France connaissent bien la valeur de la communication pour le grand public et s'évertuent à diffuser leurs informations de la manière la plus large et la plus accessible possible. Elles discutent avec les habitants des communes, les chasseurs, les bergers, les familles... On ne peut donc pas prétendre que le problème repose entièrement sur un défaut de communication. Mais alors pourquoi les informations produites par les scientifiques sont-elles si souvent ignorées au profit d'informations moins fiables ?

Il se peut bien que la désinformation ait pris une forme nouvelle dans le contexte actuel des réseaux sociaux, avec leurs échanges rapides et favorables à la transmission d'idées reçues. Mais les racines du problème sont plus anciennes et puisent dans la nature même de nos processus cognitifs.

Comment nous, citoyens, pouvons-nous nous emparer des stratégies et des outils employés par les scientifiques que nous avons rencontrés pour rendre nos intuitions plus éclairées, plus éduquées ? Comment enrichir notre boîte à outils naturelle pour penser le monde de manière plus fiable et ainsi faire preuve de plus d'esprit critique ?

Un premier pas indispensable réside dans la prise de conscience des mécanismes silencieux de notre raisonnement et des erreurs qui nous guettent lorsque nous émettons des jugements rapides. Combien de fois nous prononçons-nous avec assurance sur un fait divers sans pour autant avoir suffisamment de connaissances pour le faire ? Combien de fois affirmons-nous qu'une solution est meilleure qu'une autre, qu'un événement va certainement se produire, sans en réalité nous être donnés les moyens de le faire de manière légitime ? Faire preuve d'esprit critique, c'est d'abord reconnaître ces situations précises où nous manquons de connaissances et abaisser alors la confiance que l'on s'accorde.

Le deuxième pas pour parvenir à une représentation de la réalité aussi objective que possible consiste à s'outiller de manière pertinente. Nous avons vu les scientifiques à l'œuvre dans notre périple, tous pourvus d'outils et de stratégies pour guider leur travail. Malgré leur grande diversité, tous les outils utilisés – stratégies, instruments – présentent un dénominateur commun : ils permettent à l'observateur de ne pas s'arrêter sur sa première impression ; ils le poussent à penser aux autres interprétations possibles et à intégrer la nature complexe et multifactorielle des systèmes qu'il étudie. Faire preuve d'esprit critique, c'est appuyer sa réflexion sur des outils qui limitent les erreurs que nous commettons et nous guident vers l'interprétation la plus objective possible.

Bien sûr, la plupart des outils de la science nous sont inaccessibles et il nous sera impossible de les exploiter pour produire, par nous-mêmes, une connaissance de meilleure qualité. Mais nous pouvons en réalité faire une autre utilisation de cette découverte du fonctionnement de la science. Nous pouvons penser à chaque stratégie décrite comme à une solution pour tel obstacle spécifique, comme à un expédient permettant d'anticiper et de réduire autant que possible tel risque d'erreur et ainsi de rendre plus fiables les conclusions obtenues. Que ce soit d'autres qui mettent en place ces stratégies ne change rien : celles-ci constituent des gages de fiabilité qui légitiment le fait qu'on accorde sa confiance dans la connaissance ainsi produite. Confrontés à plusieurs sources d'information, nous nous orienterons vers celles qui font preuve du plus haut niveau d'exigence en s'appuyant sur les meilleurs outils possibles, si nous avons appris à les reconnaître. Faire preuve d'esprit critique, c'est donc reconnaître les sources d'information qui s'appuient sur les meilleurs outils possibles.

Dans le cadre du dossier loup, le travail des acteurs scientifiques rencontrés est porté à la connaissance des décideurs politiques qui déterminent les stratégies à mener – notamment le pourcentage de loups abattus chaque année. On peut se demander à quel point les décideurs politiques intègrent les données issues de la recherche pour fonder leur prise de position. De toute évidence, le décideur subit une grande diversité de pressions et il n'est pas toujours possible pour lui, ni souhaitable, d'attendre que la connaissance soit établie avec plus de certitude. La patience est un enjeu clé pour le scientifique, mais pour celui qui décide, elle est en balance avec des considérations de différente nature : éthiques, pratiques, liées à l'opinion publique.

Cependant, même quand la connaissance scientifique est établie de manière suffisamment fiable pour guider les prises de décision, elle n'est pas toujours facile à accepter. Les experts admettent les incertitudes qui planent sur la question des prélèvements, mais ils soulèvent aussi le doute légitime qu'une augmentation des tirs de prélèvement soit une mesure efficace. Elle pourrait au contraire aboutir à une issue contre-productive, aussi bien pour l'objectif de protection de l'espèce que pour celui de gestion. Au moment où nous écrivons ces lignes, c'est pourtant bien cette tendance qui semble se dessiner…

Les outils des scientifiques doivent profiter à l'ensemble de la société. Pour cela, nous, citoyens comme décideurs, devons être prêts à renoncer, quand les conditions l'exigent, aux idées reçues et aux croyances populaires. Nous devons prôner des politiques basées sur les meilleures preuves scientifiques à disposition et régulièrement réévaluées pour être ajustées aux nouvelles données récoltées par la science, car c'est un prérequis indispensable pour voir nos pratiques progresser.

CHAPITRE II

Mettre ses idées à l'épreuve des faits

La chasse aux particules élémentaires

« J'ai également, pendant de nombreuses années, suivi une règle d'or : je notais immédiatement et sans faute chaque nouveau fait ou observation publiés qui s'opposaient à mes résultats ; car j'avais constaté par expérience qu'il est bien plus facile d'oublier de tels faits que ceux qui nous sont favorables. »

Charles DARWIN,
Autobiographie, 1887.

En 2012, un événement historique marquait le monde de la science. C'était la découverte d'une particule dont l'existence avait été prévue dans les années 1960 puis rêvée, et finalement, grâce à l'acharnement de physiciens, ingénieurs, techniciens, traquée et identifiée comme étant le boson de Higgs. L'une des dernières pièces d'un puzzle connu sous le nom peu sexy de « modèle standard » de la physique. Cette prouesse technique et intellectuelle apparaît comme un exemple saisissant de la science qui fonctionne et qui, progressivement mais sûrement, amène à une compréhension de plus en plus fine et globale de notre univers.

Bien que la découverte ait été signée par plus de 5 000 chercheurs répartis aux quatre coins de la planète, elle est fortement associée à un endroit emblématique : le CERN, siège de l'Organisation européenne pour la recherche nucléaire, une ville-laboratoire qui s'étend sur plus de 60 kilomètres carrés, à la frontière entre France et Suisse. C'est un déploiement de technologie matérialisé par le Large Hadron Collider (LHC), l'accélérateur de particules le plus puissant au monde – 27 kilomètres de circuit souterrain qui traverse deux fois la frontière –, mais aussi par Atlas et CMS, les deux détecteurs qui ont rendu possibles les observations et les analyses à la base de la découverte, deux des instruments scientifiques parmi les plus complexes jamais construits, fruits d'ingéniosité et sources de progrès technique. Autour de ces machines fourmillent des collaborations humaines qui réunissent des milliers de chercheurs et ingénieurs, des centaines d'institutions provenant de dizaines de nations, langues, cultures différentes. L'objectif de tout cela ? « Explorer les briques de base de la nature et ses forces fondamentales », dit le site Web de la collaboration Atlas.

La découverte du boson de Higgs a été récompensée par un prix Nobel et a fait le tour du monde, à travers le Web et la presse. Cette histoire exceptionnelle, longue d'un demi-siècle et dans un domaine aussi mythique que celui de la physique des hautes énergies, nous semble idéale pour raconter un aspect fondamental de la démarche scientifique : des hypothèses naissent, sont agencées dans une théorie qui fournit des prédictions et, au prix d'un effort certain, ces prédictions sont confrontées aux observations et la science progresse. Nous voulions en effet une histoire qui dirait : « Voilà comment la science prouve ses idées, avec exigence et patience… ce que nous oublions de faire dans notre vie quotidienne. » Le CERN, lieu emblématique de la science expérimentale, symbole des succès de la recherche fondamentale, apparaissait comme une évidence. Mais nous voulions aussi montrer toute la difficulté et l'effort associés à cette rigueur. Prouver une hypothèse requiert de payer un coût : technique, certes, mais humain surtout. Car il faut aller à l'encontre d'une tendance tenace : résister à la tentation de chercher à confirmer ses idées. Vouloir au contraire les mettre en danger, les mettre à l'épreuve des faits.

Un pass invité à la main, nous circulons dans le CERN à travers ses bâtiments et ses couloirs, à la recherche de nos contacts. Nous nous installons dans la cafétéria du bâtiment 40. C'est là que nous avons rendez-vous avec Marco Delmastro. Marco est physicien et, pendant son temps libre, il aime raconter son métier dans les pages d'un livre destiné à être lu en famille ou sur son blog. Cela explique probablement la patience et la passion que nous recevons en échange de nos questions. Interrogé sur le fonctionnement de la physique des particules, il nous raconte spontanément l'histoire de la « quête du Higgs ». L'excitation, les nuits blanches, la période grisante de la découverte. Et puis le calme qui a suivi : « On se serait cru dans un désert. » Rien de neuf malheureusement depuis, rien à raconter de différent pour nous immerger dans le travail des chercheurs du CERN. Mais voilà que la conversation arrive sur un tout autre sujet. Il y a eu entre 2015 et 2016 cette histoire de la bosse à 750 gigaélectronvolts... « C'était une période très intense et très difficile : cette bosse a été pendant un long moment le candidat possible pour une très grande découverte et peut-être la preuve, enfin, d'une nouvelle physique. » Il s'interrompt puis reprend : « Si vous m'aviez interviewé il y a deux ans, je n'aurais pas réussi à vous en parler. Maintenant j'ai suffisamment de recul et je suis un peu plus tranquille... » Il sourit.

L'histoire de cette « bosse » est moins connue que la quête du fameux boson, et bien différente : elle parle elle aussi d'une aventure de plusieurs mois faite de nuits de travail exténuantes, elle parle également de rêves et d'espoirs... mais c'est une histoire qui n'a pas de fin heureuse : pas de découverte à la clé. Un échec en apparence. Dans un livre qui vante les méthodes de la science, cette histoire d'une découverte qui n'en était pas une trouve-t-elle sa place ? « C'est sûr que cette fois, on n'a pas ouvert de champagne à la fin ! Après, c'est toujours cette rigueur scientifique qui nous permet de conclure que notre intuition n'était pas la bonne. Le travail a été bien fait mais je ne vous cache pas que la déception est là ! » Plus que dans les victoires de la science, c'est donc dans la difficulté que l'on mettrait en évidence la force d'une méthode. Nous tenons finalement l'histoire que nous cherchons.

***

Mettre ses idées à l'épreuve des faits est une condition nécessaire pour valider une hypothèse. Mais ce n'est pas quelque chose que nous faisons de bon gré et avec aisance.

Dans la partie « Jusqu'où est-on prêt à aller pour connaître la vérité ? », nous allons découvrir, d'une part, les forces qui conduisent à s'enfermer dans des certitudes et, d'autre part, les obstacles que rencontre celui qui entreprend de vérifier ses intuitions. Puis, dans « Deuxième voyage au cœur de la science : les briques élémentaires », nous découvrirons les stratégies utilisées par Marco et ses collègues pour répondre à la nécessité de prouver leurs idées avec patience, rigueur, obstination. Voire de renoncer à ces idées, si les faits ne sont pas au rendez-vous.

Notre tour du CERN nous permettra donc de répondre à la question suivante : quels outils et quelles stratégies la science a-t-elle su inventer pour inciter ses acteurs à prouver leurs thèses avec la plus grande exigence possible ?

1

Jusqu'où est-on prêt à aller pour connaître la vérité ? Pas très loin…

Suivez-nous d'abord pour un petit voyage dans le temps qui nous amène dans la communauté de Bellingham, du côté de Seattle, en mars 1954. Un phénomène étrange se propage dans la ville : on détecte un nombre croissant de voitures qui montrent des impacts sur leur pare-brise. Ces trous, de dimension variable, se dilatent parfois les jours suivants. Qui pourrait s'en prendre aux citoyens de cette petite ville ? Le 23 mars la nouvelle est dans les journaux. Le 14 avril, l'épidémie des pare-brise atteint le centre de la ville de Seattle : ce sont alors plus de 3 000 véhicules impactés ; les automobilistes arrêtent les policiers dans la rue pour dénoncer de nouveaux cas ; parkings et commerces de voitures sont concernés, et même les voitures de la police n'échappent pas à l'épidémie. On cherche une explication : s'agit-il d'actes de vandalisme ? D'aucuns suspectent les œufs de petits insectes de casser les vitres à leur éclosion. Des tests atomiques ont eu lieu peu avant dans les eaux du Pacifique : comment ne pas les relier à l'apparition soudaine de ces trous ? On en vient à passer des compteurs Geiger sur les voitures et leurs propriétaires, puis à mener des analyses de laboratoire sur les vitres. On pense aux émissions du nouveau transmetteur radio de la Navy, à Jim Creek, éloignée pourtant de plusieurs kilomètres... mais à Jim Creek aucun problème n'a été enregistré. On se met à suspecter des événements atmosphériques.

La nuit du 15 avril, le maire de la ville appelle le président Eisenhower. Une commission d'experts – physiciens, chimistes, météorologues – est constituée ; 84 véhicules sont analysés. Le résultat est sans appel : aucun événement extraordinaire n'a eu lieu. Les trous sur les pare-brise ne sont que l'effet normal de l'usure, notamment due aux débris que reçoivent les voitures en roulant. L'observation attentive des experts confirme d'ailleurs que le phénomène se concentre sur les pare-brise avant des vieilles voitures[1]. Le soufflé retombe. L'épidémie des pare-brise troués de Bellingham est considérée comme un cas d'école d'illusion de masse[2]. Personne ne prétend que les habitants ont imaginé ces trous. Mais ils ont immédiatement considéré comme vraie l'idée que quelque chose d'anormal se passait. Les techniques d'investigation qui ont permis d'infirmer cette hypothèse sont, bien sûr, réservées aux experts. Mais même l'attitude qui consiste à s'interroger sur le bien-fondé de ses hypothèses n'est pas une démarche naturelle.

Si nous étions tentés de croire que ce type d'illusion de masse ne pouvait survenir qu'à des époques lointaines, que pensez-vous de ce fait divers ? En 2009, dans une ville proche de Paris, l'opérateur téléphonique Orange vient à peine d'installer une antenne-relais dans le coin que les riverains commencent à se plaindre de maux de tête et d'autres symptômes. Précisons tout de suite qu'à l'époque des plaintes les antennes en question n'étaient pas en service – ce que les plaignants ne pouvaient pas savoir. Pourtant, cette migraine, que l'on attribuerait sinon à une surcharge de travail par exemple, devient la preuve indéniable d'un effet des antennes. Et l'épidémie se propage[3].

Nous avons déjà souligné dans le chapitre précédent notre promptitude à nous forger une opinion, et le lecteur ne devrait plus être étonné que cette opinion précise soit partagée par le plus grand nombre, car nos cerveaux sont finalement sensibles à des attracteurs communs[4]. La considération que nous voulons ajouter maintenant est que nos convictions sont parfois si fortes que des idées contraires aux nôtres auront du mal à être entendues.

Une attitude conservatrice

Nous sommes certes capables de revenir sur nos positions, mais cela nous coûte. Voici une expérience probablement assez partagée : vous pensiez pouvoir convaincre un membre de votre entourage du bien-fondé de votre point de vue, mais vous êtes surpris de faire face à un mur ! Votre interlocuteur semble imperméable à toutes preuves et campe sur ses positions, de manière, semble-t-il, irrationnelle, jusqu'à provoquer la colère des deux partis – tout le monde aura reconnu l'ambiance d'un repas d'anniversaire familial. Ce type d'attitude n'est pas uniquement observé lors de discussions vives sur des thèmes polémiques, loin s'en faut. Considérez cette expérience, menée dans des conditions contrôlées de laboratoire dans les années 1980 et plusieurs fois répliquées depuis. Un expérimentateur présente à des étudiants universitaires volontaires un texte qui explique que les individus qui sont plus prompts à prendre des risques font souvent de bons pompiers. Il leur montre des données – des preuves faibles en réalité, car elles ne concernent que deux cas ; il leur demande de justifier cette association entre une attitude téméraire et des qualités dans le métier de pompier. Les étudiants se mettent à la tâche et écrivent un texte. Le piège s'est refermé. Dans la phase de débriefing, l'expérimentateur leur explique qu'ils ont en réalité participé à une expérience et que l'information donnée initialement est erronée, car on ignore s'il existe une relation entre l'aptitude à être pompier et la prise de risque. Pourtant, même après un débriefing aussi catégorique, et avec des preuves solides à l'appui, la plupart des participants continuent à penser qu'un bon pompier effectuera plus de choix risqués qu'un autre moins bon que lui[5]. Ils s'entêtent donc dans une croyance qui s'est révélée être fausse, et cela même pour un thème qui les touche aussi peu dans leur vie quotidienne que les caractéristiques du bon pompier ! Pourquoi avoir autant de mal à changer d'idée ? Quelles raisons se cachent derrière cette obstination[6] ? Dans l'expérience sur le pompier, les étudiants conservent l'opinion qui leur a coûté l'effort d'une argumentation sous la forme d'une justification écrite[7]. Ce coût est d'autant plus fort qu'il s'agit d'une croyance que nous avons construite dans le temps et plusieurs fois remobilisée, voire utilisée pour motiver des choix et des décisions[8]. Cette pastille de vitamine C sur laquelle beaucoup d'entre nous se jettent aux premiers symptômes de rhume marche-t-elle vraiment ? Apparemment rien n'est moins sûr d'après des données scientifiques solides[9]. Si vous êtes convaincu du contraire, vous voilà en train d'expérimenter une sensation désagréable, conséquence du coût de devoir faire face à une contradiction. Mais même après avoir pris connaissance des preuves scientifiques durant quelques minutes, serez-vous prêts à remettre en question votre croyance ? Ce défi est d'autant plus difficile si vous avez déjà conseillé à vos proches, à vos enfants d'en consommer. Car vous risquez en plus de perdre la confiance que vous avez gagnée auprès d'eux…

Considérez cette fois l'expérience suivante. Des jeunes gens sont interrogés à propos de leur opinion sur la peine de mort. La moitié pense que la peine de mort est utile pour combattre le crime ; l'autre moitié a une opinion contraire. On demande à chaque groupe de lire deux études scientifiques : l'une apporte des preuves en faveur de la thèse d'une absence d'effet ; l'autre donne des preuves dans la direction opposée. Les contenus des deux études sont de qualité équivalente, mais ils sont jugés plus ou moins favorablement par les participants en raison de leur position initiale[10].

Les psychologues appellent « biais de confirmation » ou « biais de mon côté » cette fermeture envers les idées des autres, lorsque celles-ci sont en conflit avec les nôtres[11] : cette tendance naturelle nous amène à ne pas considérer comme étant de même valeur une preuve qui confirmerait une position personnelle et une preuve qui irait à son encontre.

Nous devons toutefois souligner que, en dépit du ton négatif que nous avons volontairement pris en écrivant ces lignes, défendre ses idées est tout à fait rationnel et ne jure pas nécessairement avec la recherche de la vérité. Les idées des autres ne sont pas meilleures que les nôtres, du moins en principe ; nous avons probablement l'intuition correcte que, tant qu'elles n'ont pas été prouvées par des bons arguments, nos raisons et celles des autres se valent. D'autant qu'il est aussi possible que l'on veuille nous tromper, ou nous manipuler. Notre entêtement représente donc possiblement un mécanisme de défense face aux leviers de persuasion que les autres sont prêts à utiliser contre notre intérêt[12]. Une attitude d'ouverture d'esprit qui nous conduirait à changer d'avis en un clin d'œil serait tout aussi inopportune que celle qui nous amènerait à ne jamais le faire.

Internet, seul coupable ?

Toute cette situation est-elle propre à l'âge d'Internet ? Certains affirment que nous vivons dans une « bulle » où moteurs de recherche, sites commerciaux et publicités présélectionnent ce que nous allons trouver dans notre assiette (dans nos recherches) pour nous servir des plats que nous allons probablement aimer[13]. Cette exposition sélective repose sur le travail d'algorithmes qui détectent les préférences que nous avons manifestées lors de nos précédentes sessions de recherche sur la Toile. Leur existence serait un obstacle majeur pour quiconque poursuivrait l'objectif de se construire des opinions justes et bien fondées. La communauté d'Internet étant, en outre, suffisamment large, il est facile de rencontrer des sites partageant notre point de vue. Cela nous procure irrémédiablement la sensation que notre croyance, la plus folle soit-elle, est largement répandue[14].

Cependant, cette vision semble simpliste. En réalité, Internet nous expose à une diversité suffisante de sources d'opinions. En nous promenant sur la toile, nous serons inévitablement confrontés, malgré les bulles de filtrage, aux idées des autres[15]. Ce n'est donc pas dans la technologie qu'il faut chercher les mécanismes qui nous amènent à nous enfermer sur nos positions, mais en nous-mêmes.

Un manque de connaissances, d'opportunité mais surtout de volonté

Imaginez devoir acheter un produit pour votre maison, du papier toilette par exemple – allons-y franchement... Une publicité vous a persuadé qu'une marque est sans aucun doute meilleure que toutes les autres. Une envie pressante vous prend : savoir si cela est vrai, si votre achat a été le bon. Faites le test.

Depuis notre prime enfance, nous nous lançons dans des petites expérimentations qui consistent à modifier l'état des choses et à vérifier comment cela affecte le monde autour de nous. Les enfants de 6 ans savent reconnaître un bon test expérimental si celui-ci leur est présenté à côté d'un test non discriminant[16]. À l'école, nous acquérons progressivement une meilleure compréhension de ce qui fait une bonne expérience scientifique. Mais concevoir un test expérimental discriminant reste une tâche ardue. Nous continuons à faire des erreurs lorsque nous nous efforçons de raisonner de manière expérimentale, même à l'âge adulte[17].

Revenons à l'achat du papier toilette. La bonne démarche consisterait tout d'abord à vous focaliser sur un seul aspect – une seule variable à expliquer – à la fois : si c'est la texture qui vous intéresse, oublions pour l'instant le prix et la couleur. De plus, votre jugement ne doit pas être influencé par d'autres éléments. Les différents produits seront ainsi testés dans des conditions rigoureusement semblables – la formule consacrée est alors « toutes choses étant égales par ailleurs ». Par ailleurs, vous veillerez à dissimuler le nom des marques testées pour éviter de vous laisser influencer par votre préférence initiale. Et puis vous ferez une prédiction précise : « Si la texture de cette marque est meilleure que celle des autres, alors je m'entends à ce que... ». Il ne reste plus qu'à multiplier votre expérience suffisamment de fois et, voilà, vous aurez mis à l'épreuve votre idée et vous pourrez enfin savoir si elle était fondée. Une véritable démarche scientifique !

Un tel test est censé limiter l'influence de nos préférences et de nos opinions *a priori*. Il permet, en outre, de limiter le risque de confusion entre corrélation et causalité. Vous vous souvenez certainement de cette tendance qui nous pousse à voir dans une corrélation une relation de cause à effet (nous en avons discuté dans le chapitre I). On pourrait penser, par exemple, que telle marque de papier toilette est plus efficace du fait d'une de ses caractéristiques. Mais il nous est impossible de savoir si nous ne sommes pas en réalité influencés par d'autres facteurs présents de manière simultanée, comme l'emballage du produit ou la confiance que nous accordons à une marque. En faisant lui-même varier un facteur à la fois, sans dévoiler ni l'emballage ni la marque au participant, l'expérimentateur pourra vérifier si ce facteur est bien responsable ou non du phénomène observé.

À notre connaissance, personne ne s'embarque dans de telles aventures pour optimiser son choix de papier toilette... Tester une hypothèse demande au fond un effort considérable et des connaissances d'une nature particulière. Mais vous aurez saisi notre point : une approche méthodique et surtout une forte motivation ne sont pas les moindres ingrédients qui nous font défaut pour mettre à l'épreuve nos idées. Ce que nous soulignons ici est que ce qui nous sépare du scientifique n'est pas qu'un simple manque de moyens ou d'outils. Il s'agit avant tout d'un problème d'attitude.

***

Nous nous sommes rendus au CERN pour voir l'effort qu'accomplissent les scientifiques pour mettre à l'épreuve leurs hypothèses, dans sa dimension la plus colossale. Nous sommes bien évidemment conscients de la distance qui sépare nos vies de tous les jours de ce laboratoire hors normes, à plusieurs égards : sa composition, ses dotations, son équipement technique et humain. Comment pouvons-nous apprendre à corriger nos faux pas en nous promenant dans un environnement aussi exotique, si loin de nos problématiques du quotidien ? Le fait est que, dans cet environnement peu banal, se déroulent des histoires qui par de nombreux aspects ressemblent aux nôtres. Lorsque Marco nous raconte l'expérience qu'il a vécue, nous reconnaissons un sentiment familier : « Ce que nous avons traversé nous a un peu brûlé les doigts : on est des scientifiques, et bien sûr on utilise tous les outils statistiques qu'il faut pour vérifier ce que l'on observe ; mais on reste des êtres humains, et même le plus froid, le plus posé, au fond de lui, a espéré... » Dans sa quête de preuves et de connaissances, la science exige avant tout une attitude critique et éthique qui peut nous amener à réfléchir sur nos propres façons de faire. Une attitude aussi fondamentale que les moyens techniques et les protocoles expérimentaux qui permettent d'endiguer certains de nos faux pas naturels.

2

Deuxième voyage au cœur de la science : les briques élémentaires

Le CERN est un laboratoire atypique. La plupart des physiciens qui mènent leurs recherches ici sont en réalité basés ailleurs : en France, en Italie, en Allemagne, aux États Unis, en Russie… Au total, 22 pays sont membres de cette gigantesque organisation de recherche, mais les physiciens de la moitié des pays du globe se rendent au CERN pour leurs recherches pendant des périodes qui vont de quelques jours à quelques années. Les physiciens y collaborent avec des ingénieurs, des informaticiens, des mathématiciens et des techniciens de différentes spécialisations, indispensables pour le développement, l'entretien et la mise à jour de ces machines uniques au monde. Plus tôt, nous soulignions notre manque d'effort naturel pour nous convaincre du bien-fondé d'une idée personnelle. Ici tout est poussé à l'extrême dans la direction opposée. On cherche des preuves d'une extrême solidité, et il y a pour cela un coût à payer.

Une usine dédiée au test d'hypothèses

Pour mieux comprendre le CERN et ses raisons d'être, nous avons pris rendez-vous avec Mario Campanelli. Mario connaît bien ce lieu pour y avoir passé plus de la moitié de sa vie à étudier les composantes élémentaires de la matière.

On a longtemps cru que les atomes étaient les particules les plus élémentaires qui constituaient la matière. Au cours du XXe siècle, on a pu décrire un niveau plus fondamental de celle-ci, notamment l'électron, dont un des effets à notre échelle est le courant, et le photon, la particule du rayonnement électromagnétique : c'est l'univers des particules élémentaires. Depuis, cette exploration du monde subatomique s'est poursuivie avec une réelle efficacité et elle a abouti au « modèle standard » : un cadre théorique qui décrit notamment l'ensemble des familles de particules élémentaires, et leurs caractéristiques propres, ainsi que la nature de leurs interactions.

Après nous avoir accueillis à côté de l'amphithéâtre du bâtiment d'accueil, Mario nous mène vers des salles où nous pouvons admirer les évolutions techniques qui ont caractérisé l'histoire du CERN. Depuis sa naissance en 1954, quand il est créé pour unir les physiciens européens – nous sommes au lendemain de la Seconde Guerre mondiale –, le CERN a subi de nombreuses mises à niveau. Son but principal reste celui de partager des installations nécessaires pour la recherche sur la physique nucléaire qui, entre-temps, sont devenues de plus en plus imposantes. Les objets les plus impressionnants ici sont naturellement les accélérateurs. Le LHC, qui est le dernier accélérateur en date, a pris littéralement la place de son prédécesseur, démantelé en 1995 quand la construction du suivant a commencé. Pendant dix ans, son assemblage a mobilisé plus de 10 000 personnes, physiciens et ingénieurs, avant d'attirer l'attention de Hollywood et de devenir le décor littéraire et cinématographique de l'histoire à succès, mais pas réaliste du point de vue scientifique, *Anges et démons.* Le LHC est un accélérateur circulaire qui peut faire penser à un circuit de voitures, mais placé dans un tunnel enseveli à 100 mètres de profondeur. Si dans le tunnel on peut circuler avec des petits véhicules pour faciliter les interventions des techniciens, à l'intérieur de l'accélérateur même – deux tubes à vide métalliques appareillés d'électroaimants supraconducteurs et de structures accélératrices – ne peuvent circuler que des hadrons : la classe de particules à laquelle appartiennent les protons. Les protons arrivent dans l'accélérateur à partir d'une toute petite source, assez banale si on pense à la destinée qui les attend et à tous les regards qui vont les guetter sur leur parcours : une bouteille remplie de gaz dihydrogène – figurez-vous une bouteille de plongée – qui se trouve à l'autre bout du CERN. Un champ électrique permet d'extraire les protons qui constituent les noyaux du dihydrogène. Puis, ils passent travers une succession d'accélérateurs qui précèdent le LHC même et qui leur communiquent de plus en plus d'énergie, et ils commencent à tourner. Au moment d'être injectés dans les tubes à vide du LHC, les particules sont divisées en deux faisceaux qui vont circuler dans des directions opposées. Dans le LHC, les deux faisceaux, constitués de trains de paquets de protons, subissent une dernière étape d'accélération jusqu'à atteindre leur énergie maximale. À la fin de leur course, les paquets de protons ainsi extraits, concentrés en fins faisceaux, entreront en collision les uns contre les autres.

Un dispositif expérimental pour aller au-delà de l'observation

Quel est l'intérêt de construire un bestiau aussi gigantesque que le LHC, dédié à produire des collisions de protons ? Ce monstre de technologie est la réponse apportée par la science pour mettre à l'épreuve une hypothèse scientifique particulièrement délicate à tester du fait de la nature des objets que l'on cherche à identifier.

La quête des particules, et de leurs propriétés, a représenté un défi majeur de la physique du XXe siècle. Une telle quête ne se réalise pas de manière opportuniste, comme le feraient des orpailleurs remuant chaque recoin de sable dans l'espoir de découvrir par chance une pépite. On ne tombe pas nez à nez avec le boson, au détour d'une expérience. C'est une approche longue, préparée, prédite. La plupart des propriétés, hypothétiques, du boson de Higgs avaient été calculées avec précision par des légions de théoriciens, dès les années 1970. Pour autant, le modèle ne donnait pas d'indication sur sa masse et donc sur l'énergie nécessaire pour le découvrir, même si d'autres considérations théoriques permettaient de limiter le domaine en énergie à considérer[1]. Le LHC était donc indispensable pour espérer une découverte, mais la quête n'en devenait pas simple pour autant : le boson de Higgs pouvait « se trouver » à peu près n'importe où au-delà de l'énergie maximale atteinte par les précédents accélérateurs, autour de 100 gigaélectronvolts. Cela revient à chercher un objet caché dans un paysage de montagne, dont on ne sait pas s'il se trouve assez bas dans la vallée, tout en haut vers le sommet, ou à un endroit situé entre les deux. Pour compliquer l'affaire, le boson de Higgs, comme la plupart des particules élémentaires, est intrinsèquement instable : sa durée de vie est très brève. Une fois qu'il est créé, il va presque instantanément se désintégrer. Bien trop rapidement pour être détecté directement – on est au niveau du millième de milliardième de milliardième de seconde tout de même. Un nombre hors de portée de notre imagination, et des plus puissants de nos appareils. La seule chance de prouver l'existence du boson de Higgs est dès lors de capter les traces des particules dans lesquelles il s'est désintégré, en travaillant à des énergies proches de celles présentes au tout début de l'univers. L'univers s'est refroidi depuis, et les particules comme le boson de Higgs, qui étaient présentes dans cet univers à haute énergie, n'existent tout simplement plus, sinon à la suite d'événements très particuliers qui font monter localement cette énergie, comme l'explosion d'une étoile ou les collisions des rayons cosmiques contre l'atmosphère.

Pour mettre à l'épreuve les hypothèses sur l'origine de la matière, il faut alors recréer ces conditions, modifier nous-mêmes des variables sans que la nature s'en charge, chercher à provoquer des phénomènes dans des conditions très contrôlées où nous pourrons multiplier les observations. Bref, il faut créer un dispositif expérimental. Dans le LHC, grâce à l'accélération qui leur est imprimée, les protons circulent à une vitesse proche de celle de la lumière – une limite théorique infranchissable – et donc assument des énergies très élevées. Les aimants, qui génèrent un champ magnétique 40 000 fois plus grand que le champ magnétique terrestre, les maintiennent sur leur trajectoire de sorte que la plupart d'entre eux arrivent à se collisionner dans les points de rencontre établis : 4 détecteurs, appartenant à 4 collaborations différentes, prêtes à collecter les données produites par cette énergétique rencontre qui a lieu à 13 téraélectronvolts (TeV) – une énergie comparable à celle présente dans les tout premiers instants de l'univers. À vrai dire, on peut comparer 1 téraélectronvolt à l'énergie d'un moustique en mouvement… Plus précisément, 1 téraélectronvolt équivaut à mille milliards d'électronvolts, et 1 électronvolt est la quantité d'énergie nécessaire pour faire passer un électron d'un potentiel d'énergie 0 à un potentiel de 1 volt. Le fait est que les particules dans le LHC sont bien plus petites qu'un insecte : les énergies produites dans la collision sont donc « compressées » dans un volume qui est lui-même mille milliards de fois plus petit qu'un moustique. Donc oui, 13 téraélectronvolts représentent une énergie incroyable à l'échelle d'une particule. Reste le fait qu'à cette échelle, et dans cette perspective, le LHC est une machine à remonter en arrière dans le temps au premier millième de milliardième de seconde après le Big Bang.

Le LHC est éteint en ce moment. Une opportunité se dessine : celle de descendre au cœur de l'une des machines expérimentales les plus complexes jamais créées.

Collecter les données les plus significatives

À pieds, nous traversons les voies des trams qui mènent à Genève, contournons la géode qui sert de musée et de centre de congrès et nous arrivons devant un bâtiment imposant. Il s'agit du bâtiment Atlas. Atlas est le nom donné à l'un des détecteurs placés le long du LHC, et celui de l'une des deux collaborations ayant signé la découverte du boson de Higgs. Un détecteur est un appareil dont la fonction est de déceler la présence d'un phénomène. Dans le cas d'Atlas et de CMS – l'autre détecteur impliqué dans la recherche du boson de Higgs –, l'objectif est d'enregistrer ce qui se passe lors des collisions, puis de transmettre les données qui seront temporairement stockées. Ces données seront ensuite diffusées dans des laboratoires aux quatre coins du monde, où elles seront analysées. On pourra finalement trouver le boson de Higgs… s'il existe – cela restait une hypothèse au moment de la construction du LHC.

Comme le reste du LHC, Atlas se trouve en profondeur, et ce que nous avons devant nous est en quelque sorte la porte d'entrée de la « caverne d'Atlas » : un titan de 44 mètres de haut et 25 mètres de large, avec 7 000 tonnes de composants. Le véritable Atlas fait donc près de deux fois la taille du bâtiment devant nos yeux. Grâce aux conditions actuelles et à la bienveillance des chefs de projet de la partie technique de l'expérience, nous obtenons une permission spéciale pour prendre l'ascenseur qui nous mènera directement face à Atlas. Benedetto a été le coordinateur des *runs* d'Atlas – les cycles annuels de prises de données – pendant la période qui a amené à la découverte du boson de Higgs. Il sera notre guide. Nous l'attendons devant la porte de la caverne, où il nous confie deux casques de chantier, obligatoires pour se rendre dans les locaux techniques. Une fois passé par une porte réservée au personnel où ses iris sont identifiés, Benedetto nous permet d'entrer à notre tour et nous voilà dans un espace qui est bien loin de l'image que l'on se fait d'un laboratoire. Avec nos casques de chantier sur la tête et ce paysage de gros tuyaux métalliques qui circulent entre des grilles et du béton, nous nous sentons plongés au cœur d'une grosse usine. Nous passons devant d'impressionnants racks remplis de pièces électroniques qui vont permettre l'acquisition et le premier stockage des données prises par le détecteur Atlas. Si les câbles qui sortent de votre ordinateur à la maison vous semblent déjà trop nombreux, il vous faut imaginer une jungle de fils orange, bleus, blancs, certes bien ordonnés, aussi dense qu'une forêt tropicale.

C'est au travers de ces câbles que les données enregistrées par le détecteur sont, en fonction de leurs caractéristiques, envoyées vers d'autres ordinateurs ou… détruites à jamais. Cette sélection incombe aux systèmes automatisés de déclenchement (*trigger*) dont une partie seulement est présente devant nous. Et cela ne se fait pas au hasard. Les collisions sont classées en plusieurs catégories en fonction de l'énergie : les événements de haute énergie sont rares, et les scientifiques enregistrent toutes les informations alors que pour la plupart des autres catégories ils n'enregistrent qu'une collision sur quelques millions. Les systèmes de déclenchement ne sont donc pas des filtres aveugles, mais répondent à des critères qui dérivent de connaissances de physique sur la manière de distinguer ce qui constitue un événement potentiellement informatif et nouveau de ce qui relève d'événements déjà bien connus. Cette idée que les scientifiques sélectionnent leurs données évoque systématiquement en nous une forme de suspicion. Consciemment ou non, ce que nous redoutons est une forme du biais de confirmation évoqué en début de chapitre et contre lequel les scientifiques ne sont pas immunisés : nous nous inquiétons que les chercheurs puissent opérer des choix biaisés, destinés à valider leurs propres positions initiales. Sélectionner les données dignes d'analyse est en réalité une tâche qui s'impose d'elle-même dans une démarche scientifique. Elle échappe au biais de confirmation parce qu'elle est basée sur des critères objectifs, fixés en amont et respectés au moment de choisir. Une fois les données enregistrées, les physiciens contrôlent la calibration du détecteur, en vérifiant que les données prises sont cohérentes avec certaines attentes : si c'est le cas, ils sont assurés que les détecteurs ont bien fonctionné. Si des erreurs sont notées, une recalibration est menée pour le prochain *run*, la prochaine course de particules qui produira les nouvelles données.

Accumuler les données

Le voilà le tube à vide bleu où ont lieu les collisions ! Perchés sur une passerelle en métal, nous l'observons disparaître au centre de deux disques métalliques d'un diamètre de 20 mètres, que 10 mètres d'espace séparent. La première impression est que la caverne est complètement remplie par ces gigantesques disques. Puis le regard arrive à parcourir la voûte, les nombreuses passerelles, les tuyaux tortueux en métal brillant, les câbles colorés… Nous nous trouvons face à une cathédrale moderne et le disque avec tous ses détails minutieux évoque une rosace. Tout au centre, nous trouvons le système de traçage, qui forme un cylindre de 6 mètres de largeur et de plus de 1 mètre de diamètre. Il se trouve à peine à quelques centimètres du faisceau de protons. Sa résolution élevée permet de distinguer les traces laissées par les différentes particules qui ont une charge électrique non nulle. Même si le signal est en réalité ici électrique, on peut faire une analogie entre le détecteur et un appareil photo avec une résolution en pixels élevée, qui permet de distinguer deux traces proches l'une de l'autre et donne donc la chance d'enregistrer séparément tous les passages. Autour du système de traçage, les calorimètres enregistrent l'énergie et la position de toutes les particules qui, d'une manière ou d'une autre, interagissent avec la matière : électrons, photons, protons, neutrons, pions... Seuls les neutrinos et les muons échappent à cela, mais ces derniers finissent par se faire capter par les plaques des chambres à muons devant nous et restent donc prisonniers de la caverne, alors que les neutrinos s'en échappent – ils traverseront même la roche autour du bâtiment. Aucune de ces particules ne porte son nom affiché comme une étiquette sur son dos. Pour les physiciens, il s'agit donc de reconstruire le portrait-robot des particules, comme le ferait un détective aux prises avec différents témoignages, dans un feu croisé de questions : est-ce que la particule est chargée ? Quelle est son énergie ? Est-ce qu'elle interagit fortement avec la matière ?

On peut à peine imaginer la déception quand, au démarrage du LHC en 2008, peu après avoir vu passer les premiers faisceaux de particules, a résonné un signal d'alarme : une connexion électrique défectueuse venait de provoquer un accident qui aurait endommagé deux aimants, parmi ceux censés maintenir les faisceaux focalisés, entraînant une fuite d'hélium dans le tunnel. Ce n'est qu'en 2009 qu'Atlas peut être mis à contribution pour prendre des données sur l'accélérateur finalement mis en marche. Entre 2011 et 2012, la collaboration accumule les enregistrements et obtient suffisamment de données pour que Fabiola Gianotti, la porte-parole d'Atlas, fasse l'annonce de l'existence du boson de Higgs dans le détecteur que l'on vient de visiter. Combien de données sont suffisantes ? Tout simplement une quantité phénoménale ! La période 2011-2012 (nommée *run* 1) a enregistré l'équivalent de 7,6 milliards de « photos » d'événements discrets ayant eu lieu dans la caverne d'Atlas à la suite d'une collision. C'est ce qu'il a fallu avant qu'on n'arrive à accepter l'existence du boson de Higgs.

Pourquoi les physiciens se sont-ils évertués à accumuler autant de données ? Est-ce juste parce qu'ils en avaient les moyens ? En réalité, cette coûteuse débauche d'énergie – en nuits blanches de travail, notamment – est indispensable, du fait des objets étudiés : le fait est que la probabilité de produire un boson de Higgs lors d'une collision entre protons dans les conditions actuelles du LHC est plutôt basse : 1 chance sur 10 millions. Lorsqu'on cherche la preuve expérimentale de l'existence du boson de Higgs, on se doit de produire un nombre très important de collisions, et de visionner un nombre tout aussi important de « photos » pour espérer y trouver les traces de son éphémère existence. L'effort expérimental nécessaire – le nombre de fois et la durée où l'on mobilise le dispositif expérimental – est donc estimé pour que l'on accumule le nombre d'observations nécessaires pour mettre à l'épreuve l'hypothèse. Les scientifiques ajustent leur exigence à la nature du problème étudié et aux conditions dans lesquelles l'expérimentation est menée.

Mais cette rigueur extrême dans la récolte des données ne suffit pas encore. Il faut maintenant les analyser. Et ce n'est pas ce qu'il y a de plus facile.

Analyser les données obtenues et les interpréter correctement

De nouveau assis dans la cafétéria du bâtiment 40, nous avons laissé derrière nous les casques de chantier et les prouesses technologiques qui symbolisent l'effort fait par le CERN pour traquer le boson de Higgs et les autres particules. Dans cette salle qui donne accès aux bureaux de la collaboration Atlas, nous découvrons l'autre vie du CERN : on capte autour de nous des conversations dans toutes les langues, des échanges entre chercheurs penchés sur un ordinateur portable. Des réunions s'organisent sur un bout de table. Le CERN n'est pas qu'un gigantesque dispositif expérimental. C'est aussi ce fourmillement d'idées qui circulent dans les laboratoires et jusqu'ici, à la cafétéria. En compagnie de Mario, nous poursuivons notre enquête sur le fonctionnement de la science par une question plus conceptuelle : comment passe-t-on de la simple observation des particules capturées, mesurées et « pesées » dans le détecteur à la preuve de l'existence du boson de Higgs ?

La théorie de la physique des hautes énergies prédit que le boson de Higgs, tel qu'il a été calculé au cours des années 1970, se désintégrera rapidement en d'autres configurations de particules qui, à leur tour produiront d'autres particules... Jusqu'à parvenir à des formes qui pourront enfin laisser des traces observables dans les détecteurs : des paires de photons et des quadruplets de leptons. Tout serait plus simple si ces configurations étaient propres au boson de Higgs. On pourrait alors comparer les configurations prédites et celles observées et valider l'hypothèse du boson en cas d'adéquations, la réfuter sinon. Malheureusement la nature ajoute une complication de taille à l'affaire : ces configurations peuvent être le résultat de phénomènes autres que la présence de bosons de Higgs, et une paire de photons, par exemple, peut résulter aussi bien de la présence d'un boson de Higgs que de la désintégration d'autres particules. Comment, dès lors, parvenir à privilégier une explication plutôt qu'une autre ? « Avec le boson de Higgs, la chose la plus difficile était l'analyse des données. Il a fallu des années pour comprendre exactement comment évaluer la probabilité que ce que l'on observe à un instant donné est bien le signe du boson. »

Accrochez-vous quelques instants. Même si cela peut sembler contre-intuitif, le premier objectif des physiciens est de décrire un monde où le boson n'existerait pas. Pour cela, ils élaborent un monde virtuel – une simulation numérique – qu'ils construisent de toutes pièces. La simulation est nourrie par les connaissances concernant les particules et leurs interactions. Grâce à ce genre de simulation, les physiciens peuvent prédire à l'avance le nombre de paires de photons ou de quadruplets de leptons que l'on peut attendre dans un tel monde « sans boson de Higgs ». Ils appellent « bruit de fond » cet ensemble de phénomènes physiques que l'on pourrait être tenté de prendre pour des effets de la présence du boson de Higgs, mais qui s'expliquent par des hypothèses alternatives. Sur les posters qui tapissent les murs de la cafétéria, le bruit de fond décrit par la simulation numérique se matérialise sous la forme d'une courbe rouge. Sur ces mêmes graphiques, on observe une distribution de points noirs. Ce que les physiciens chargés des analyses cherchent dans leurs données est donc un écart local des points noirs par rapport à cette courbe.

Pour pouvoir légitimement comparer les données observées et celles issues de la simulation, et ainsi vérifier l'existence d'une bosse ou excès, encore faut-il s'assurer que données et simulation sont réellement équivalentes : la simulation numérique doit être une copie fidèle de celle-ci, à l'exception du seul fait qu'elle postule l'inexistence du boson – nous mentionnions déjà cette importance de ne faire varier qu'un facteur à la fois lors du test du papier toilette... Pour garantir cette fidélité, la simulation doit en premier lieu prendre en compte l'effet des détecteurs eux-mêmes. Les détecteurs ont en effet des limites – entre autres, des zones dans lesquelles ils sont moins sensibles aux données. De plus, ces détecteurs produisent un signal électronique aléatoire, légèrement imprécis, pas tout à fait le même d'un enregistrement sur l'autre. De même que les modèles sur la dynamique du loup intégraient les caractéristiques des observateurs, le comportement des détecteurs est incorporé dans la simulation pour qu'elle puisse être comparable aux données réelles. Comme le dit Mario, le détecteur est reproduit « jusqu'à la dernière vis ». Deuxièmement, la simulation doit tenir compte des propriétés spécifiques des particules élémentaires. À l'échelle subatomique, notre réalité partage les caractéristiques d'un lancer d'une pièce – ou d'une population de loups. Le lancer d'une pièce non truquée – on dit « équilibrée » – donne 1 chance sur 2 d'obtenir « face ». Si vous lancez une pièce un très grand nombre de fois, vous ne savez pas à quels résultats vous attendre pour un lancer donné, mais vous savez que vous attendez le résultat « face » dans la moitié des cas en moyenne. Dans le monde des particules, un même état initial peut générer des issues différentes : tout comme notre lancer de pièce peut aboutir à un résultat « pile » ou un résultat « face », une particule peut se désintégrer dans une voie ou une autre et générer des particules filles différentes. Le fait que le hasard soit constitutif de ces phénomènes ne rend pas impossible leur étude : comme pour les lancers de pièces, les physiciens connaissent les probabilités de chaque canal de désintégration. Pour intégrer cette propriété dans leurs simulations, les chercheurs optent pour un type de simulation numérique particulier : la méthode dite « de Monte Carlo », du nom de la célèbre ville de casinos où l'aléatoire règne en maître. Comme ces événements sont aléatoires, les physiciens sont aussi obligés de relancer de nombreuses fois la simulation pour obtenir une image fiable de l'ensemble des issues possibles et de leur fréquence d'apparition – dans certaines situations, « un grand nombre de fois » peut vouloir dire 1 million… Compte tenu des contraintes imposées par les ordinateurs dans lesquels tournent ces simulations, cela peut signifier des semaines, voire un mois de travail.

Les physiciens prennent donc soin de ne pas négliger les autres explications qui pourraient produire les mêmes observations que leur propre hypothèse. Leur approche scientifique les conduit à créer des conditions qui permettent de départager plusieurs hypothèses alternatives et de ne pas privilégier la leur pour des mauvaises raisons.

Établir un seuil pour décider de manière objective

Reprenons l'exemple du lancer de pièce. En lançant 100 fois une pièce équilibrée, non truquée, vous n'obtiendrez pas nécessairement strictement une moitié de « pile » et une autre de « face ». Si vous refaites l'expérience plusieurs fois (avec 100 lancers à chaque expérience) le résultat oscillera autour de cette valeur, mais ne prendra exactement cette valeur qu'un nombre restreint de fois. Vous aurez donc tantôt 60 « pile » et 40 « face », tantôt 49 « pile » et 51 « face », et ainsi de suite. Accumulez vos lancers. Dans le cas où votre résultat serait de 49 « pile » et 51 « face », vous ne serez pas vraiment incité à remettre en question le fait que la pièce utilisée pour les lancers est tout à fait normale. Vous admettrez assez facilement que vous n'observez rien de « particulier » et que la petite anomalie n'est en fait qu'une fluctuation due au hasard. Oui, mais jusqu'à quand un écart aux résultats attendus doit-il nous laisser de marbre ? Admettons que les 100 lancers soient des « face ». On devrait raisonnablement conclure que la pièce est truquée. Et entre les deux ? Nous pourrions considérer la pièce comme truquée dès 60 « face » ou attendre 80 « face », voire plus, en se disant que tout rentrerait dans l'ordre avec plus de lancers.

Décider d'un seuil pour clore ce débat autrement sans fin, c'est déterminer le risque que nous sommes prêts à accepter avant de déclarer à tort que la pièce est truquée. Admettons la situation suivante : vous êtes face à un joueur que vous suspectez de tricher et vous mettez au test cette hypothèse. Pour ce test, vous réalisez 10 lancers et observez 7 « face ». Le calcul montre qu'il existe une probabilité proche de 5 % de faire un tel résultat avec une pièce équilibrée sur 10 lancers. Si vous décidez malgré tout traiter publiquement votre adversaire de tricheur, vous avez 5 % de chances de vous tromper. Le risque vous semble-t-il acceptable ? – vous pouvez vous dire que vous avez 95 % de chances d'avoir raison, la formulation est souvent plus convaincante. Si vous décidez que oui, vous venez d'accepter une significativité de 2 « sigma » comme seuil pour votre prise de décision.

Les physiciens sont dans un cas de figure similaire. Il s'agit pour eux d'établir un seuil objectif au-delà duquel l'hypothèse nulle, celle qui dit « il n'y a pas de nouvelle particule », comme on disait plus haut « la pièce n'est pas truquée », est rejetée avec une confiance suffisante. Les physiciens des particules sont en cela vigilants, pour ne pas être trop téméraires, mais sans se montrer trop frileux pour autant. Ils considèrent comme digne d'attention une anomalie autour de 3 sigma – alors le risque de se tromper en déclarant « on pense avoir une anomalie qui n'est pas due au bruit de fond » est aux alentours de 1 chance sur 1 000. Ils préparent la bouteille de champagne dès que le risque que l'hypothèse nulle soit valide devient inférieur à 1 chance sur 1 million. Et ils ne l'ouvrent que lorsqu'ils atteignent le seuil des 5 sigma, ce qui signifie qu'il n'y a que 1 chance sur 3,5 millions d'observer ce qu'ils observent par simple hasard. Un véritable baptême du feu. La valeur de 5 sigma est en réalité propre à la physique des particules. Nous l'avons souligné : les phénomènes observés sont particulièrement rares et poussent les physiciens à multiplier les observations. Cette prise de données gigantesque fait apparaître partout des séquences particulières qui ressemblent à des bosses. Même un phénomène très surprenant, qui n'apparaît que 1 fois sur 1 million, finira par apparaître pour peu qu'on fasse beaucoup d'observations – en moyenne 1 million.

S'ils n'étaient pas aussi exigeants, les physiciens annonceraient des découvertes à tort tous les jours. S'ils étaient encore plus exigeants, ils risqueraient de rater des découvertes. Définir un seuil permet de clore le débat et d'annoncer au monde qu'une nouvelle connaissance a bien été établie. Sauter aux conclusions après la moindre observation nous fait courir le risque d'affirmer à tort des certitudes : il faut se montrer exigeant envers les preuves à l'appui d'une idée avant d'y adhérer. Mais l'exigence n'est pas une qualité si elle n'est pas encadrée : exiger toujours plus de preuves ne permet jamais de conclure, il faut se fixer des seuils.

Avancer en aveugle

« Vers la fin de 2011, on commençait à voir les premiers signes qui pouvaient nous faire croire qu'il y avait quelque chose autour de 125 gigaélectronvolts. En automne, il y avait une significativité autour de 3 sigma, un effet pour lequel on peut commencer à s'exciter ! » Marco Delmastro nous a rejoints autour d'une table basse sur l'un des canapés colorés de la cafétéria. Comme Mario, il a vécu cette aventure de l'intérieur. En début d'année 2011, le LHC avait en effet tourné à plein régime et les données s'étaient accumulées. Mais elles étaient restées pendant plusieurs mois encore secrètes, dans la « boîte » – on la nomme ainsi non qu'il s'agisse d'une véritable boîte, mais à cause de l'idée qu'elle symbolise : les données sont « enfermées » quelque part, à l'abri des regards. Ce n'est qu'au moment où la collaboration estime que l'on est enfin prêt à découvrir et à analyser ces données que l'on y accède.

Marco fait l'analogie entre cette boîte et le travail des chercheurs en médecine qui souhaitent déterminer l'effet d'un nouveau médicament. Dans ce type d'étude, les patients sont répartis en deux catégories : l'une reçoit le médicament et l'autre un placebo. Puis les effets sur les deux groupes sont comparés pour déterminer l'impact créé par le médicament. Pour ne pas influencer le résultat de l'étude, les patients et les équipes qui pratiquent l'expérimentation ignorent qui fait partie de chaque catégorie. C'est ce que l'on appelle une procédure « en aveugle ». D'une manière analogue, la communauté des physiciens décide du type d'analyse qui sera effectuée, mais elle le fait avant de découvrir les données enregistrées. Les scientifiques avancent donc en aveugle là aussi.

Vous aurez certainement reconnu le risque que veulent cherchent à éviter les physiciens : c'est de nouveau le biais de confirmation. En sa qualité de scientifique, Marco est conscient de ce risque et sa discipline lui offre des outils pour s'en protéger autant que possible, du moins dans le cadre de ses recherches. « Imaginez le processus : je cherche quelque chose ; je fais donc ce que je peux pour améliorer mon analyse, pour la rendre plus puissante par rapport à la possibilité de voir des choses intéressantes, c'est la bonne chose à faire. Mais si j'avais les données sous les yeux, je pourrais être influencé, même inconsciemment, et augmenter la significativité du résultat d'une manière "incorrecte". Avec cette procédure, c'est impossible. » Percevoir le signal requiert donc toute l'ingéniosité du chercheur, mais aussi une vigilance envers lui-même et son envie de voir son hypothèse validée. Il existe des règles dans la méthode scientifique qui aident le chercheur à exercer cette vigilance et à ne pas tomber dans les risques du biais de confirmation.

La découverte, enfin

En 2012, la prise de données continue avec un accélérateur particulièrement performant, qui permet d'accumuler en l'espace de quelques mois une grande quantité de données. La confiance des chercheurs augmente. À quelques jours du séminaire prévu pour le 4 juillet, le CERN est en ébullition. Les physiciens travaillent d'arrache-pied pour analyser les dernières données. Celles-ci serviront au diaporama qui sera présenté par la porte-parole d'Atlas, la physicienne Fabiola Gianotti. Fabiola est aujourd'hui la directrice générale du CERN, première femme à endosser ce rôle si prestigieux. Des dizaines de physiciens ont campé dans la nuit du 3 au 4 dans les salles communes du CERN : à la cantine, dans les escaliers. Ils ont apporté une couverture, un sac de couchage… Tout le monde veut être là le matin du séminaire. Tout le monde veut voir le moment où Peter Higgs en personne – invité au séminaire, c'est bon signe – vivra l'émotion où l'on lui annonce que sa prédiction était correcte. François Englert, qui est à ses côtés, partagera naturellement le Nobel avec son collègue un an plus tard – même si le boson porte le seul nom de Peter Higgs, l'histoire de sa découverte est complexe et résulte de nombreux travaux de recherche complémentaires et indépendants.

Deux personnes ont la parole : Fabiola Gianotti et Joe Incandela, le porte-parole de l'expérience CMS. C'est lui qui parle en premier. Notre attention a été tellement prise par la collaboration Atlas et son détecteur que nous en avons presque oublié que de l'autre côté de la frontière mais à quelques kilomètres de distance seulement, implanté sur le même accélérateur et avec le même objectif en tête, opèrent un autre détecteur et une autre collaboration : celle du Compact Muon Solenoid ou CMS. Mêmes objectifs, mais caractéristiques différentes pour ce détecteur plus compact. Deux expériences courent donc en parallèle, mais ne communiquent pas, pour ne pas s'influencer… jusqu'au dernier moment. Imaginer qu'une expérience aussi grandiose qu'Atlas puisse être reproduite une seconde fois peut sembler dispendieux. Et pourtant, elle constitue la barrière ultime à tous les biais que nous avons cités : le piège des variables confondantes, la sous-estimation du hasard, le dysfonctionnement de l'expérience, la tendance à vouloir confirmer ses propres idées… Si les conclusions auxquelles parviennent les deux expériences indépendantes sont similaires, la confiance qu'on leur accordera en sera plus élevée.

Joe Incandela prend donc la parole pour annoncer, graphiques à l'appui, que sa collaboration a pu mettre en évidence un excès, dans deux canaux de production, d'une significativité combinée de 5 déviations standard, 5 sigma. Au moment de l'annonce, la salle éclate dans un tonnerre d'applaudissements. Derrière lui figure le graphique qui sera pour toujours associé à la découverte. Et cette fameuse bosse à 5 sigma dans les données, à une masse de 125 gigaélectronvolts, la preuve de l'existence du boson. Fabiola Gianotti prend à son tour la parole. Elle commence par une blague, histoire de faire redescendre la tension, mais aussi de souligner combien la nouvelle de la découverte du boson de Higgs dépasse le cadre de la science : un journal suisse-allemand a publié une image improbable, censée représenter le boson de Higgs. Sur l'image, on voit un mandala quelque peu ésotérique, avec des bras lumineux qui entourent en spirale un centre bleu rose. Une image qui évoque l'art, la science-fiction et les illusions d'optique. « Si le boson de Higgs ressemble à cela, ni Atlas ni CMS ne l'ont trouvé ! » Puis, les choses sérieuses reprennent. Les données sont encore préliminaires, car elles ont continué à arriver jusqu'à deux semaines avant la date du séminaire. Du temps sera encore dédié – des mois, des années – à les interpréter dans toute leur richesse. Mais comme pour CMS, l'annonce est claire : dans deux canaux, un excès à 125 électronvolts existe et il est compatible avec ce que le « modèle standard » prédit à propos du boson de Higgs. Avec une significativité de 5 sigma. Et Fabiola de conclure : « Nos résultats sont le fruit de plus de vingt ans de travail talentueux et d'un effort sans relâche de la collaboration Atlas, avec le support des agences qui ont financé le tout. De manière plus générale, ils sont le fruit de l'ingéniosité, de la vision et du travail sans relâche de notre communauté. » Assis derrière un banc de l'auditorium du CERN, Peter Higgs enlève un court instant ses lunettes, sort un mouchoir de la poche, puis applaudit, comme tout le monde dans la salle.

On ne gagne pas à tous les coups

En préambule de ce chapitre, nous avions soulevé deux problèmes : d'une part, la difficulté à mettre ses idées à l'épreuve ; d'autre part, ce qu'il nous coûte de reconnaître que l'on a eu tort et de faire marche arrière. L'histoire du boson de Higgs raconte une prouesse technologique et intellectuelle, un succès de la science universellement reconnu. Cette quête couronnée de succès pourrait alors donner l'impression que la science ne se construit qu'au travers d'avancées positives et gratifiantes lors desquelles les chercheurs se contentent de valider des grandes hypothèses. Mais ceux-ci sont-ils également prêts à renoncer à leur conviction quand les faits ne vont pas dans leur sens ? Que se serait-il passé si le boson n'avait finalement pas été là ? Plutôt que de vous proposer ce scénario de fiction, nous allons pouvoir vous raconter une histoire qui ne se termine pas avec une découverte à la clé. Dans la fin de notre conversation avec Marco, nous allons découvrir comment les scientifiques font face à leurs désillusions. Et comment la science triomphe malgré tout.

La bosse

Après la découverte du boson de Higgs, le LHC s'arrête pour deux années, durant lesquelles il va être amélioré pour travailler à des énergies plus hautes. Pour les physiciens, c'est la promesse de nouvelles observations qui pourront conforter ultérieurement ou alors ébranler le modèle existant. Les physiciens des particules ont un rapport ambigu avec le modèle standard : ils éprouvent à la fois une satisfaction de voir ses prédictions immanquablement confirmées et une frustration de voir que beaucoup de choses restent encore inexpliquées. Le modèle standard est « plein de trous », pour reprendre l'expression de Marco : il ne décrit par exemple que 5 % de l'énergie de l'univers ; le reste – matière noire et énergie sombre – lui échappe…

La découverte du boson a suscité beaucoup d'optimisme et on se projette vers de nouvelles découvertes possibles. D'autant plus que tout se passe bien du point de vue technique. Une fois remis en marche, le LHC fonctionne à plein régime. Les données affluent. Novembre 2015, l'équipe de Marco est prête pour une nouvelle ouverture de boîte. Très probablement, celle-ci ne révélera rien, mais si elle détenait une information nouvelle, cela pourrait représenter le premier signe d'une nouvelle physique au LHC. La promesse d'une découverte capable de montrer les limites du modèle standard… Marco se souvient : « Et là, on voit que les données montrent un excès, pour une hypothèse d'une nouvelle particule de masse 750 gigaélectronvolts, avec une significativité d'environ 3,5 sigma. Ce n'est pas quelque chose à 2 sigma qui devient 2,5 puis 3 avec les analyses. Là c'est tout de suite plus de 3 sigma ! » Dans les graphiques, une nouvelle une fois, les physiciens observent l'apparition d'une bosse, cette fois placée à un endroit complètement inattendu : une énergie de 750 gigaélectronvolts. Est-ce assez pour s'emballer ? Le physicien oscille : « Il y a toujours deux âmes qui se battent dans ce genre de cas », pour reprendre les mots de Marco : une envie de ne pas négliger des indices importants qui pourraient être ceux d'une découverte majeure et un aspect plus conservateur qui rappelle que ce n'est probablement qu'un mauvais tour joué par le hasard. Comme il ne s'agit plus de découvrir ce que tout le monde attend, comme dans le cas du boson, mais d'ouvrir la porte vers un monde nouveau, l'excitation est difficile à maîtriser. De plus, le signal que l'équipe de Marco entrevoit est vraiment inattendu, il ne rentre dans aucune des cases des théories disponibles : « S'il s'avérait être vrai, ce serait l'occasion de dire aux théoriciens : effacez vos tableaux et repartez à zéro. La nature nous surprend à nouveau. »

Chercher ses propres erreurs

Marco est un conteur habile. Nous sommes absorbés par son récit et enthousiastes à notre tour. Nous attendons la suite. Quelles réactions ont pu être celle de l'équipe à ce moment ? La réponse n'est pas celle que l'on imagine. « On panique ! plaisante-t-il. La première chose qu'on se dit est : ai-je commis une erreur ? Sinon, qui a pu en faire une avant moi ? » Après avoir contrôlé les données une première fois, Marco monte au quatrième étage chez le coordinateur de la partie physique d'Atlas. Il faut tout de suite l'informer de l'excès qui a été trouvé dans les données, et de sa significativité. Et là, en réponse, la même question est posée : « Qui a commis une erreur ? » C'est à partir de ce moment qu'une traque sans relâche des problèmes et une étude scrupuleuse des données se mettent en place, avec un seul objectif : débusquer l'erreur qui pourrait amener à penser qu'il existe un excès, à tort. Le coordinateur monte une vraie *task force*. Avant même d'aller montrer les résultats au reste de la collaboration Atlas, la traque de l'erreur commence avec ses collaborateurs les plus proches. On se souvient de petits problèmes intervenus ici et là pendant la prise de données ; le *trigger* avait bien eu un problème à un moment, n'est-ce pas ? Pour différentes raisons, cela aurait pu donner une accumulation de données dans une certaine région. On se dit aussi que la calibration du calorimètre aurait également pu mal fonctionner et on file vérifier si, par hasard, toutes les données qui convergent sur l'excès ne s'expliqueraient pas tout banalement ainsi.

En réalité, cette attitude n'est pas nouvelle. Marco nous explique : « À l'époque de la découverte du boson de Higgs, on avait fait la même chose. Du moment où l'on avait vu un excès, tout le monde regardait pour savoir si dans cette région de la prise de données il y avait pu avoir un problème. » Idéalement, il faudrait avoir une sorte de check-list pour chercher où le problème pourrait se situer. Une suite de vérifications permettrait, le moment venu, d'éviter de négliger quelque chose d'important et de porter l'attention sur les étapes particulièrement à risque. Mais une telle check-list n'existe pas, car chaque analyse est différente. Elle doit donc être créée *ad hoc* et sur le moment. Et naturellement, à partir de ce moment, le chercheur est encore plus entouré de gens que d'habitude dans son travail d'enquête. Tout le monde se rend dans son bureau et lui donne d'autres suggestions, lui indique d'autres sources de problèmes possibles à vérifier. La check-list s'allonge. Marco se remémore : « J'étais dans mon bureau et chaque fois que j'ajoutais quelque chose à faire, je mettais un Post-it. Donc à un certain moment j'avais mon mur complètement recouvert en Post-it. Venez, je vais vous montrer. »

Nous montons les escaliers au-dessus de la cafétéria pour nous rendre dans le bureau de Marco. Quelques tables où sont posés des ordinateurs portables. Tout autour, des tableaux blancs recouverts d'un empilement anarchique de formules, graphiques et calculs en vert, rouge et noir. Des successions d'épisodes de discussions et d'échanges. Au centre de l'un d'eux, un des fameux

Post-it, conservé là comme dernier vestige d'une époque d'agitation frénétique.

À ce moment précis, la tentation est grande de se tourner vers les collègues de CMS pour savoir s'ils ont vu dans leur boîte la même chose. Une convergence dans les données éliminerait immédiatement tout un tas d'erreurs possibles relatives aux instruments. Impossible, en effet, de penser que si une poussière s'est déposée sur un des pixels de la caméra d'Atlas, une autre se soit déposée au même endroit sur la caméra de CMS. Mais la méfiance envers la menace représentée par le biais de confirmation, et la crainte de voir ses interprétations influencées par celles des autres, conduit à éviter toute communication. Marco explique : « Si je dis à mes collègues de CMS que nous sommes en train de voir un excès à 750 gigaélectronvolts avec une sélection donnée, comment savoir que je ne vais pas les influencer, même de manière inconsciente ? » Pour les canaux de communication entre les expériences, il n'y a pas vraiment de protocole au CERN. Ce serait d'ailleurs difficile à établir et à imposer : les gens ici ont des relations qui vont au-delà de l'aspect professionnel – de nombreux collaborateurs d'Atlas sont mariés avec des collaborateurs de CMS, pour tout vous dire ! Il faut alors faire au mieux pour conserver toute l'objectivité nécessaire à une telle entreprise.

Les choix que le scientifique fait dans cette phase sont empruntés à une attitude éthique, qui répond à la volonté de ne pas fausser les résultats, même involontairement. La plupart du temps, c'est de la démarche scientifique elle-même que découle une telle attitude. D'autre fois, c'est son expertise qui lui dicte ce qu'il convient de faire dans une situation donnée.

Confronter ses idées aux autres

Une aide précieuse vient au scientifique du fait même qu'il fait partie d'une communauté de pairs entraînés dans l'exercice qui consiste à rechercher l'erreur des autres.

Aux réunions informelles du mercredi matin s'ajoute ainsi un compte rendu présenté chaque semaine devant un groupe plus important. On cherche à documenter par écrit tout ce qui se passe : les choix, les analyses. Le moment venu, c'est la collaboration Atlas dans son ensemble qui doit être tenue informée de ce qui a été trouvé jusqu'ici, mais aussi des analyses qui ont conduit à ce résultat. La collaboration Atlas est structurée selon une sorte de hiérarchie interne : plusieurs groupes travaillent de concert pour couvrir les grands sujets. Le groupe de recherche de Marco, par exemple, est encadré dans le groupe di-photons, lequel fait partie du groupe Higgs. Lors des réunions du groupe plus large, chaque responsable de projet présente aux autres l'état d'avancement de ses travaux – et ces autres jouent « jusqu'au bout le rôle d'examinateurs à convaincre », pour reprendre les termes de Marco. Autrement dit, ils font tout ce qui est en leur pouvoir pour révéler les limites et les écueils des outils proposés et motiver une nouvelle analyse. La communauté du CERN a mis au point une procédure qui empêche de faire confiance *a priori* à des individus uniques. Ce processus qui concerne l'ensemble de la hiérarchie d'Atlas peut sembler très contraignant, mais il a ses raisons d'être. Marco se souvient : « J'ai eu ce genre de discussion le 4 décembre 2015, à quelques jours du séminaire de fin d'année. C'était la présentation face à l'entière collaboration Atlas des résultats du groupe Higgs et de la *task force*. Trois heures durant, je suis resté en face de mon diaporama avec tout Atlas qui disait : démontre-nous que l'on peut faire confiance à ton niveau de significativité ! »

Une théorie récente en psychologie cognitive attribue au raisonnement solitaire une propriété contre-intuitive : celle de nous refermer sur nos positions[2]. Fondamentalement, le raisonnement – au sens d'argumenter et de justifier – aurait pour objectif avant tout de défendre, devant les autres, son point de vue. Il ne s'agirait donc pas tant de chercher la vérité que de se préparer à convaincre les autres, et la réflexion solitaire aurait tendance, non pas à ébranler le biais de confirmation, mais à le renforcer. De même, des discussions menées avec un nombre restreint d'individus proches – comme quelques collaborateurs de longue date – ne permettraient pas de s'affranchir de ce biais ; en effet, il est probable que les membres d'un même groupe partagent des convictions et des méthodes de réflexion similaires.

Une collaboration comme Atlas s'affranchit de ce piège par son caractère vaste et hétérogène. Les idées ne sont pas passivement perçues comme fiables, car venant d'individus de confiance. Elles sont au contraire examinées avec une posture sceptique, qu'adopte celui qui attend pour se montrer convaincu. C'est une forme de présomption d'inexactitude : l'idée doit faire ses preuves ou disparaître. Et ce processus a lieu dans la confrontation avec une communauté suffisamment hétérogène pour ne pas risquer de tomber dans un biais de confirmation de masse.

En outre, une collaboration vaste comme Atlas n'a pas seulement le rôle critique d'un jury prêt à doucher tout excès d'enthousiasme. Elle est aussi une formidable entreprise collective, capable de mettre en commun ses forces pour dépasser un à un les multiples obstacles qui se dressent. Marco nous raconte : « Des gens se mettent à chercher des manières plus intelligentes de procéder. Il y a eu tout un développement mathématique importé d'outils conçus en astronomie par des gens qui cherchaient la probabilité de voir un faux signal dans leur domaine. » La force de la collaboration prend tout son sens dans les moments de difficulté. Reste que le stress n'est jamais loin. Marco se souvient : « Ce sont des étapes très intéressantes. Mais, tout à coup, il y a le coordinateur de la partie physique qui arrive chez moi et me dit : "Je veux la significativité globale demain matin !" Et moi : "Comment je fais ?" Avec des chiffres qui dansent dans tous les sens, et toujours un bug que tu as laissé traîner ! »

Ouverture de la boîte

« Et enfin, après ces très nombreuses interactions, on a eu le feu vert. Tout le monde a dit : on pense que vous êtes prêts, vous pouvez regarder les données. » Le LHC a tellement bien fonctionné au cours des derniers mois que les données se sont accumulées rapidement : en six mois, elles ont atteint la quantité obtenue sur toute l'année 2015, pause d'hiver à part. Cela crée un optimisme supplémentaire auprès des membres d'Atlas. C'est un moment chargé d'émotion pour ceux qui ont traversé tant de nuits blanches à détacher un à un les Post-it de leur check-list. Il n'y a que deux dénouements possibles. Si l'excès est confirmé, les physiciens du groupe di-photons d'Atlas et leurs collègues de CMS ont devant eux une dernière ligne droite, dans la perspective d'atteindre les fatidiques 5 sigma, et la promesse d'une découverte révolutionnaire à la clé. Si l'excès n'est pas confirmé… c'est *business as usual* : on saura qu'à l'endroit « suspect » il n'y a rien d'intéressant qui puisse être mis en évidence par les instruments actuels. Pas vraiment le genre de conclusions qu'on espère au sortir d'une phase si intense.

Marco est sur le point de rentrer dans une salle de réunion un groupe d'une vingtaine de personnes de la collaboration Atlas : les coordinateurs, la *task force*, le groupe di-photons restreint. Tous ensemble, ils vont enfin prendre connaissance du contenu de la boîte : « On a ouvert la boîte et il n'y avait plus rien. À la lumière des données précédentes, la significativité descendait. En combinant les données de l'année 2015 et celles de 2016, il n'y avait plus rien :

aucune bosse. » La nouvelle arrive comme un coup de fouet. Le résultat est perçu directement. À l'écran, un graphique se dessine à partir des données qui viennent d'être analysées : les nouveaux événements enregistrés sont les points noirs qu'on a appris à reconnaître ; en rouge, la ligne continue de la simulation du bruit de fond attendu. Mais les données ne s'élèvent plus, en correspondance des 750 gigaélectronvolts, au-dessus de la ligne rouge : données et bruit de fond s'alignent presque parfaitement en dessinant une unique courbe. « C'est presque instantané. Tu vois un graphe ou deux, et tu sais. Après tu passes des jours à vérifier. Mais tu sais. » Des mois d'attente pour un dénouement cruel, qui ne prend que quelques instants à se dessiner…

La suite de l'histoire est faite de discussions et d'analyses, qui se poursuivent encore pendant des mois. On n'abandonne pas facilement une hypothèse si prometteuse. Les physiciens continuent à regarder les données à la loupe pour chercher s'ils peuvent déceler une combinaison bizarre, un excès même petit, un seuil du système de déclenchement légèrement mal réglé, trop de données dans une zone du détecteur particulière – bref, tout ce qui pourrait expliquer l'absence de la bosse. Après avoir cherché une erreur pour expliquer la présence d'une bosse inattendue, voilà donc que le processus s'inverse. « Au cours de l'été 2016, on est arrivé à dire : désolé, il n'y a rien à 750 gigaélectronvolts… Et CMS aussi. CMS qui en 2015 avait un excès bien que moins significatif que nous, eux aussi, en 2016 ne voyaient plus rien. Et donc l'histoire est morte. » Si décevante que soit la fin, le verdict est là. La science a donné une réponse définitive, même si ce n'est pas celle que l'on voulait entendre. Aucun moyen de se dérober. Que faire avec une non-découverte ? « On publie, répond Marco. On publie un papier qui dit exactement ce qui s'est passé : un excès a été observé en 2015 pour une particule qui se désintègre en deux photons. On a continué à le chercher, mais, sur la base d'un grand nombre de données, l'excès n'est pas confirmé. »

En science un résultat négatif est aussi important qu'une découverte. Chaque fois que les travaux sont conduits selon les critères rigoureux que nous avons décrits, un nouveau résultat permet d'orienter les recherches à venir, d'éliminer des hypothèses, à la place de s'acharner inutilement sur une voie morte. Pour cette raison le résultat doit être communiqué au reste de la communauté.

Et pourtant il n'est pas toujours facile, pour un scientifique, de publier des résultats négatifs. Même les éditeurs des revues scientifiques donnent parfois l'impression de penser que seulement une « découverte positive », une nouvelle décisive, présentera de l'intérêt.

C'est que notre intuition est bien plus attirée par une nouvelle positive, que par l'absence de nouvelles. Aucun journal télé n'oserait faire la liste des événements qui n'ont pas eu lieu aujourd'hui, et personne n'écouterait un tel récit. La science se place encore une fois aux marges de notre intuition, en s'efforçant de publier des résultats négatifs et en les stockant dans des archives dédiées.

L'histoire de la bosse à 750 gigaélectronvolts aurait pu être celle de la première pièce du nouveau puzzle. Pour autant, sans négliger l'immense déception des protagonistes, le récit que nous avons entendu par la voix de Marco est celui d'une victoire. Certes, cela ne saute pas aux yeux ! « Impossible de nier que cette expérience a eu un impact sur moi, même en termes de santé et de stress. Après coup, tu te demandes : est-ce que c'était nécessaire ? C'était beau, c'était intéressant mais… » Cependant, si les hommes ont souffert, la science, elle, a gagné. L'entreprise scientifique, avec ses efforts, ses contrôles incessants, sa rigueur, a œuvré avec le même niveau d'exigence que dans le cas de la découverte du boson de Higgs. Elle a permis aux scientifiques de dépasser la tentation de privilégier les indices qui favorisent leurs hypothèses et celle de rester fidèle à leurs idées. Continuer à collecter des observations qui vont dans notre direction est si spontané que le réel effort consiste à aller contre cette tendance. Se forcer à chercher, au moins un temps, des preuves en faveur des hypothèses alternatives est une caractéristique fondamentale de l'esprit critique.

Les limites naturelles de la cognition humaine font en sorte que réussir dans ce défi est difficile notamment pour l'individu isolé, ou le groupe soudé par une idéologie. Les macro-organismes que sont les collaborations internationales scientifiques sont plus vaccinés que leurs membres, considérés individuellement, contre les biais et dérives.

In fine, le processus amène à valider les hypothèses correctes... mais aussi à infirmer celles qui sont erronées. C'est Marco qui conclut : « Vous avez raison. Aujourd'hui, j'ai une certaine fierté à vous raconter mon histoire. C'était un investissement humain important et qui montre, au-delà du résultat, qu'on possède les outils pour faire face aux défis qui nous attendent. S'il n'y a rien, on conclura qu'il n'y a rien et on ne se fera pas avoir : la science fonctionne. »

3

Message à emporter : vigilance envers soi-même et exigence bien calibrée

Bien que nous nous estimions généralement ouverts et prêts à changer d'avis, force est de constater que la plupart des conversations entreprises lors d'un débat ou d'une discussion à table se terminent sans que chacun des interlocuteurs ait changé de position ! Être disposé à changer d'avis, à abandonner une position est une condition nécessaire pour instaurer un véritable dialogue et se rendre disponible pour admettre les arguments adverses.

La science est prête à revoir ses théories, c'est l'un de ses principes fondamentaux. Mais cette disponibilité n'est pas sans prix. Revoir en permanence ce qui est stabilisé serait très contre-productif. L'histoire que nous avons racontée ici illustre ce double aspect de la science en tant que démarche de construction de connaissances : à la fois ouverte à la révision, mais aussi très exigeante avant d'accepter une nouvelle idée. Nous pourrions peut-être nous en inspirer.

Admettre que nous sommes spontanément portés à valider nos propres convictions peut éveiller notre vigilance : lorsqu'une idée est séduisante, que tout le monde en parle, ou que les conséquences sont positives pour nous, nous risquons de baisser notre niveau d'exigence pour la prouver. Nous adhérons facilement à une thèse parce que l'histoire qu'elle raconte nous plaît, et non parce qu'elle est appuyée par des preuves tangibles. Cette vigilance envers soi est donc une forme d'esprit critique. Tant qu'elle reste motivée et mesurée.

Le parcours scientifique que nous avons effectué dans les couloirs du CERN pourrait donner l'impression que l'attitude à adopter est celle d'une vigilance excessive : seules les observations les plus solides – obtenues par des efforts monumentaux seront acceptées comme preuve, et aucune idée, ou découverte, ne sera retenue si elle n'est pas capable de passer un seuil extrêmement élevé de confiance. En vérité, il ne serait pas raisonnable de faire preuve du même niveau d'exigence tout le temps et à tous égards. La science a su évaluer les situations et reconnaître celles qui méritaient de faire un effort supplémentaire pour s'assurer que ses conclusions sont conformes à la réalité. Un esprit critique aiguisé saura, à son tour, adapter ses exigences à la situation rencontrée.

Une autre raison peut conduire à rehausser de manière raisonnable ce seuil d'exigence : le fait que l'information nouvelle s'oppose à un savoir bien établi. Cette attitude peut sembler anormalement conservatrice : pourquoi se montrer plus exigeant envers une idée plutôt qu'une autre ? Pourquoi en demander plus à une idée qui va à l'encontre du courant de pensée ? N'est-ce pas de nature à empêcher les découvertes inattendues ? Ne sommes-nous pas en train d'être de nouveau victime du biais de confirmation ? En réalité, l'attitude qui consiste à regarder avec suspicion une connaissance qui remet en question une somme de savoirs est une attitude rationnelle, évitant le risque de toujours tout remettre en question. Il ne s'agit pas, bien sûr, de négliger l'information, si elle a été produite au travers d'une méthodologie rigoureuse. Mais les scientifiques vont chercher à reproduire ces résultats, ou à les confirmer par d'autres résultats complémentaires. En faisant cela, ils rehaussent spontanément le seuil d'acceptation de la nouvelle hypothèse. Si, au final, une quantité suffisante de connaissances s'accumule, la bascule s'inverse et la nouvelle connaissance remplace la précédente. La science est ouverte à la révision, mais se montre rationnellement plus vigilante envers des hypothèses qui déstabilisent des connaissances qui apparaissent solides. Vous comprenez pourquoi nous devons à notre tour nous montrer plus vigilants envers les annonces sensationnalistes qu'on lit dans les journaux ou qu'on entend à la radio le matin, ponctuées d'un : « Une nouvelle étude montre que... »

Suivre l'exemple de la science signifie donc apprendre à doser son niveau d'exigence : savoir quand il est opportun de demander plus de preuves, ou des preuves plus solides. Quand nos connaissances sont trop réduites, quand l'idée examinée contredit des connaissances bien établies, quand des émotions fortes sont en jeu ou quand l'enjeu est important : dans tous ces cas, un surplus d'exigence sera le bienvenu.

Certaines personnes diffusent et imposent leurs convictions sur la base de preuves très faibles. Ainsi, des thérapies alternatives pour soigner le cancer ou prévenir le paludisme sont proposées à côté de procédures médicales soumises à l'épreuve de tests rigoureux ; des individus peu scrupuleux prétendent mettre en contact leurs clients avec leurs proches disparus ; d'autres évoquent des énergies inconnues pour vendre des cristaux et des bracelets supposés nous rendre plus heureux et en meilleure santé. Voilà à quoi sert de rehausser notre seuil de confiance : nous aider à ne pas céder à des vendeurs de merveilles, pas toujours bien intentionnés, et pouvoir se retourner vers des informants experts. Cette solution implique une capacité à identifier des informants fiables, qui mettent à l'épreuve de manière collégiale leurs idées au travers de procédures exigeantes.

CHAPITRE III

L'art de parvenir à un consensus

Climat : à la recherche de preuves

« Les sciences, chacune s'évertuant dans sa propre direction, nous ont jusqu'à présent peu nui. Un jour, cependant, la coordination des connaissances éparses nous ouvrira des perspectives si terrifiantes sur le réel et sur l'effroyable position que nous y occupons qu'il ne nous restera plus qu'à sombrer dans la folie devant cette révélation ou à fuir cette lumière mortelle pour nous réfugier dans la paix et la sécurité d'un nouvel obscurantisme. »

H. P. LOVECRAFT,
L'Appel de Cthulhu, 1928.

Il est tôt ce matin quand nous partons d'une Genève ensoleillée pour rejoindre Chamonix, puis Montenvers pour voir un glacier nommé la mer de Glace : le plus grand de France, le troisième en Europe avec ses 12 kilomètres de longueur, ses 40 kilomètres carrés de superficie et des profondeurs qui atteignent les 400 mètres aux pieds du Mont-Blanc du Tacul. Le trajet se fait par un petit train à crémaillère qui monte pendant vingt minutes en couvrant presque 1 000 mètres de dénivelé. Quand on arrive à la terrasse panoramique de Montenvers, le glacier s'étend à nos pieds, gris beau, majestueux. Si l'on observe attentivement, on s'aperçoit que la mer de Glace n'est pas une mer tranquille. Sa surface est traversée d'une alternance de bandes de glace sombres et claires : la mer de Glace est traversée de crevasses et de séracs.

Nous démarrons la descente à pied vers le glacier, d'abord en empruntant un petit sentier. Il tombe une pluie fine. La descente est à la fois facile et émouvante, car elle nous immerge dans le passé récent du glacier. Un premier panneau jaune, accroché à la paroi de la montagne qui flanque le chemin indique où le glacier se trouvait en 1815. Un autre, plus bas, signale la hauteur qu'il atteignait encore en 1890. Nous arrivons maintenant dans la partie la plus impressionnante de la descente : 486 marches d'un long escalier en métal qui vont nous amener jusqu'aux parois du glacier. Tout au long du trajet, d'autres panneaux jaunes ponctuent notre petite expédition : 1985, 2001. Il faudra encore quelques minutes pour achever notre parcours et parvenir enfin au glacier. Le voici : retiré vers le bas, rétrécit, année après année. Nous rejoignons finalement une grotte artificielle percée dans le glacier, suivie d'un tunnel où on peut se balader en touchant les parois de ce géant d'eau blanc et bleuté. Des bulles se lèvent à l'intérieur de sa masse[1].

Le sort de la mer de Glace, documenté par des mesures précises, concerne en réalité l'ensemble de la chaîne alpine[2]. Certes, la mer de Glace a son histoire particulière, et ici la tendance à la baisse commence particulièrement tôt, dès la fin du Petit Âge glaciaire, à la fin du XIXe siècle. Cette régression devient malgré tout une tendance générale pour toute la chaîne depuis 1982. À quoi peut-on attribuer ce constat général ? Les glaciers sont particulièrement sensibles à la température atmosphérique. Or, dans la période entre 1982 et 2002, on enregistre une augmentation moyenne de la température estivale de 1,2 °C par rapport aux trois décennies précédentes. Les périodes estivales sont plus chaudes mais aussi plus étendues dans le temps. Au rythme de fonte actuel – 40 mètres de longueur par an –, il est estimé que, d'ici 2040, le recul se sera accentué de plus de 1 kilomètre encore. Depuis Montenvers, il ne sera alors plus possible de voir la mer de Glace.

Réaliser tout le vide laissé par le recul du glacier avait marqué nos esprits. Nous voulions en savoir plus et nous nous sommes naturellement tournés vers les sources disponibles, que nous considérons comme fiables, sur Internet ou dans des livres, conseillées par nos amis ou découvertes au gré des recherches. Toutes les sources consultées considèrent le réchauffement climatique comme cause probable de la fonte des glaciers de la chaîne alpine. Pourtant, Internet raconte aussi d'autres histoires, bien différentes de celle-ci. Celles de glaciers qui ne subissent pas le même sort que ceux des Alpes. Graphiques et références à l'appui, des sites montrent que les glaciers scandinaves progressent, ce qui rend anecdotique, selon leurs auteurs, le constat fait dans les Alpes. Les glaciers de Nouvelle-Zélande connaissent des trajectoires similaires, de même que certains glaciers américains et canadiens, ou les calottes de l'est de l'Antarctique[3]. Ces exemples sont alors utilisés pour attaquer la thèse du réchauffement climatique. On peut se sentir troublé face à cette discordance de positions. Il est délicat pour un non spécialiste d'apporter une réponse à ceux qui objectent que l'érosion des glaciers n'est pas une généralité, et qui soutiennent que de tels constats mettent à mal la théorie du réchauffement climatique. Internet dévoile autant de points de vue qu'il est possible d'imaginer, et les arguments ne manquent jamais pour défendre une opinion ou son contraire. Le réchauffement climatique est perçu par certains comme la cause de toutes les anomalies climatiques et météorologiques que notre planète rencontre. Pour d'autres, il n'est que fiction. Une pure invention catastrophiste.

***

Lorsque nous souhaitons nous forger une opinion sur un sujet important, nous espérons récolter des informations claires et consensuelles. Ce type d'informations est de nature à nous rassurer et à nous donner confiance dans nos choix à venir. Au contraire, des discours divergents feront naître une sensation désagréable de flou. Il devient difficile de savoir vers quelle source se tourner et nous pourrions nous orienter vers des sources moins fiables, mais qui nous offrent le discours rassurant que l'on attend.

Dans la partie qui suit, intitulée « Désemparés... », nous vous invitons à prendre connaissance des mécanismes en jeu dans l'évaluation des sources d'information. Nous utilisons spontanément des critères, comme le consensus, pour évaluer si une source mérite notre confiance et donc notre écoute. Mais confrontés à des questions d'actualité et sociétalement vives comme le réchauffement climatique, ces critères peuvent être mis en défaut et nous verrons pourquoi. L'une des raisons que nous soulignerons est notre mauvaise compréhension de la nature de la connaissance scientifique.

Dans « Troisième voyage au cœur de la science : le climat à la lumière des faits », nous découvrirons les stratégies que les scientifiques utilisent pour finalement valider leurs connaissances et parvenir à une conclusion consensuelle, même provisoire. Ces stratégies passent par une analyse attentive des connaissances accumulées grâce aux méthodes rigoureuses que nous avons rencontrées au cours des deux premiers chapitres. À cela s'ajoutent des outils qui permettent la validation collective du savoir ainsi établi. La nature collective des procédures de validation des connaissances joue le même rôle que les méthodes employées par les scientifiques qui produisent l'information : celui de donner des garanties très fortes sur la fiabilité des informations diffusées. Le consensus d'experts qui résulte de ces procédures est notre meilleur indice pour reconnaître des sources dignes de notre confiance.

1

Désemparés...

Désemparés. C'est le sentiment qui peut naître en nous quand, convaincus du bien-fondé d'une thèse comme celle du réchauffement climatique, quelqu'un nous présente un article de journal, une émission télévision ou un document particulier qui avance un argument contraire auquel on ne sait pas répondre. En 2007, une pétition – the Global Warming Petition Project, mieux connue sous le nom de pétition de l'Oregon – est rendue publique : elle rassemble 31 000 signatures de scientifiques qui demandent au gouvernement des États-Unis de ne pas ratifier les accords de Kyoto au motif qu'il n'y a pas assez de preuves scientifiques pour affirmer le rôle des activités humaines sur le réchauffement climatique[1]. En 2010, le scientifique Claude Allègre, membre de l'Académie des sciences, publie un ouvrage nommé *L'Imposture climatique ou la Fausse Écologie*, où il défend un point de vue sceptique par rapport au changement climatique anthropique. À la même période, il croise le fer à la télévision avec une jeune chercheuse en paléoclimatologie, que nous rencontrerons plus tard dans ce chapitre. Dans ce duel où deux chercheurs opposent leurs arguments, le téléspectateur qui assiste à la joute peut ressentir un sentiment de profonde confusion.

La stratégie du doute

Pourquoi ces situations de conflit apparent entre scientifiques ont autant de poids négatif sur notre confiance ? La réponse est que la perception d'un conflit met à mal l'un des indices que l'on utilise implicitement pour construire notre confiance dans des sources d'information : la convergence des points de vue. Lorsque ce conflit est réel, le doute est justifié : nous avons raison d'avancer avec prudence et de suspendre notre jugement dans l'attente d'y voir plus clair. Cependant, certains peuvent manipuler notre perception du consensus et induire ainsi la conviction que la communauté scientifique nage encore dans l'ignorance, alors qu'il n'en est rien. Contrairement à l'ignorance réelle qui témoigne d'un manque de connaissances sur un sujet, cette ignorance-ci n'est en fait qu'un produit culturel : une construction active, fruit d'une stratégie politique visant à répondre aux intérêts d'une petite communauté d'acteurs[2].

Le plus célèbre cas d'une telle « production volontaire d'ignorance » est celui lié au tabac et à ses effets sur la santé, qui commence dans les années 1950 et s'étend jusqu'aux années 1980[3]. Différentes stratégies ont été utilisées à l'époque pour faire taire le consensus scientifique pourtant établi. L'industrie du tabac a multiplié les coups bas, par exemple en portant des attaques personnelles sur certains scientifiques dont les recherches lui étaient défavorables. Pour amplifier le message qu'elle voulait diffuser, elle a créé des caisses de résonance – sociétés amies, *think tanks*, publications, conférences... – qui s'appuyaient sur des scientifiques de renom. Avec un seul objectif en tête : semer le doute. Le tour est simple mais efficace : en faisant circuler l'idée d'une absence de consensus complet dans la communauté scientifique, l'industrie aura entretenu pendant presque trente ans une aura de doute au niveau social et politique quant aux effets du tabac sur la santé.

On observe aujourd'hui qu'une stratégie analogue est mise en place autour des résultats de la recherche sur le climat[4]. La pétition de l'Oregon citée plus haut active les mêmes ressorts : « Quelques chercheurs s'opposent à la dictature des sciences du climat », peut-on lire dans les médias. Dans l'esprit du lecteur, les convictions se fissurent et le doute gagne du terrain. Il en déduit que la science cherche encore, qu'elle tâtonne, et il répète dans les dîners de famille que le réchauffement climatique « n'est qu'une hypothèse ». Or un tel dissensus n'existe pas : plusieurs études indépendantes, basées sur des méthodes d'enquête différentes, montrent que les scientifiques spécialisés dans la recherche sur le climat sont en réalité largement d'accord entre eux ; le degré de convergence calculé est à au moins 97 %[5].

Quid alors du débat télévisé dans lequel la jeune chercheuse échangeait des arguments avec Claude Allègre ? De telles mises en scène médiatiques véhiculent elles aussi cette image d'une communauté scientifique divisée en deux blocs égaux, les « pour » et les « contre ». De telles situations ne disent rien de la proportion de scientifiques convaincus par les preuves en faveur de la théorie. Mais, dans notre esprit, nous interprétons silencieusement le signal de ce « débat équilibré » comme l'existence d'une vision non résolue. Et nous versons dans le doute.

Le consensus n'est d'ailleurs pas le seul indice de fiabilité que nous utilisons plus ou moins consciemment pour évaluer les informations en s'interrogeant sur leurs sources. Les signataires de la pétition de l'Oregon sont pour la plupart des scientifiques – au-delà des quelques signatures factices... La pétition est même accompagnée par une lettre signée par l'ancien président de la National Academy of Science, Franck Seitz, un personnage on ne peut plus institutionnel et public – il a tout de même déjà fait l'objet de critiques pour avoir guidé la campagne du doute contre les résultats scientifiques concernant cancer et tabac, mais le grand public n'a généralement pas connaissance de ce fait. L'impression globale qui se dégage est que l'on a affaire à un document produit par une communauté d'experts dignes de confiance. En réalité, les scientifiques en question ne sont pas des experts reconnus en matière de climat. Si on la regarde de près, on s'aperçoit que la pétition est signée par des scientifiques oui, mais d'horizons et de niveaux de carrière divers et variés – dentistes, informaticiens, chimistes, étudiants, et très peu de scientifiques du domaine précisément concerné. La pétition n'est exempte de fraude, car on constate que parmi les signataires se trouve aussi un certain Charles Darwin… Mais combien de lecteurs prendront le temps de mener une enquête approfondie pour découvrir qui se cache derrière les 31 000 signataires ? En creusant encore, le lecteur curieux aurait remarqué que l'institut qui porte la pétition a son siège dans une ferme isolée d'une petite ville de moins de 2 000 habitants dans l'Oregon[6] ! Amusant… Mais il est surtout étonnant de découvrir à quel point nous sommes vulnérables face à ce type de manipulation.

Nous sommes ainsi trompés par des indices visibles d'expertise qui, en raison de la complexité de la question et de la spécialisation croissante des domaines de recherche scientifique, ne nous permettent pas de jauger correctement la fiabilité des sources d'information.

Sommes-nous pour autant complètement crédules ?

Bien que l'insistance médiatique sur la diffusion des *fake news* et de la postvérité nous fasse penser le contraire, nous ne sommes pas fondamentalement des êtres « crédules » prêts à accepter n'importe quelle affirmation sans même faire l'effort de l'évaluer[7]. Le fait que nous utilisions des indices de fiabilité montre, au contraire, que l'évaluation des sources n'est pas un exercice qui nous est étranger. Nous sommes naturellement portés à évaluer la pertinence et la justesse des informations proposées par nos interlocuteurs sur la base de critères, comme celui de la cohérence interne de leur discours, ou de la plausibilité de ses contenus. Nous évaluons si la source de nos informations est à même de nous tromper, volontairement ou par manque de connaissances. Les mécanismes cognitifs qui rendent possibles ces évaluations sont présents dès le plus jeune âge. Imaginez la situation suivante : un enfant de 3 ans observe deux adultes nommer des objets à tour de rôles La plupart des objets sont familiers de l'enfant, mais l'un d'entre eux est un objet très particulier, sorti du mécanisme d'une chasse d'eau. Le premier des deux adultes appelle l'objet inconnu *snegg* ; l'autre l'appelle *hoog*. L'enfant est ainsi confronté à des informations contradictoires. À qui va-t-il accorder sa confiance ? Procédera-t-il au hasard ? En réalité, l'enfant se montre sélectif et choisit ses sources en suivant des critères bien précis : la familiarité, tout d'abord. Ainsi, si l'un des adultes est sa maîtresse d'école et l'autre une maîtresse d'une école voisine, l'enfant nommera l'objet de la même manière que sa maîtresse. En plus de la familiarité, l'enfant prendra en compte l'expertise : si l'un des deux adultes commet beaucoup d'erreurs en nommant les objets – par exemple, il appelle une tasse « une balle » –, l'enfant lui accordera moins sa confiance. Enfin, si l'un des deux adultes reçoit l'approbation d'un groupe d'adultes assistant au débat, l'enfant le considérera comme une source plus fiable.

Les enfants à partir de 3 ans utilisent donc des critères qui leur permettent de choisir un informateur parmi d'autres de manière non aléatoire. Mais si nous sommes naturellement sélectifs par rapport à nos informants et vigilants face à l'information[8], comment expliquer que nous tombions dans des pièges et que nous accordions parfois notre confiance à des informants qui ne sont pas légitimes ? En réalité, les critères que nous utilisons spontanément ne sont pas nécessairement toujours efficaces. Ils ont l'avantage de nous orienter rapidement vers des sources qui ont de bonnes raisons d'être meilleures que les autres : le fait que l'informant nous soit familier, qu'il partage le même dialecte que nous est un indice indirect de bienveillance : c'est une personne proche qui aura probablement moins d'intérêt à nous tromper. De même, un informant qui possède un langage technique, sophistiqué, est probablement une personne plus experte. De telles stratégies ont leur faille : les individus qui sont proches peuvent se tromper, tandis que d'autres peuvent adopter un discours faussement complexe pour nous leurrer. Et puis un individu qui s'est révélé compétent dans un domaine peut nous induire en erreur dans un autre. En fait, si nous voulions être très sélectifs, nous devrions mettre en place des critères plus coûteux, qui évaluent la confiance en s'adaptant aux circonstances – par exemple, en reconnaissant qu'une même personne puisse être compétente ou ignorante selon le domaine en question. Mais nous ne sommes pas toujours capables ou disposés à payer le coût de ce niveau d'exigence.

Voilà qui explique que nous pouvons nous tromper dans nos évaluations, notamment dans le monde d'Internet et des réseaux sociaux où les informateurs n'ont souvent ni nom ni visage. Des bruits naissent et se propagent souvent le long de chaînes de transmission dont il est difficile d'identifier l'origine. Sur le Web, acquérir une position privilégiée d'informateur est possible pour tout un chacun. Les vidéos ou les blogs d'anonymes peuvent soudainement être consultés des centaines de millions de fois, bien plus que ne peuvent espérer des journaux d'information pourtant réputés. Le prestige se gagne sans faire l'effort normalement indispensable pour le mériter – on peut acheter des likes sur Facebook ! – et nos systèmes de vigilance sont mis à l'épreuve des nouvelles modalités de communication et des moyens d'information[9]. Les limites de nos fonctions cognitives naturelles à l'égard d'un contexte relativement nouveau, permettent donc de mieux comprendre nos difficultés. Mais d'autres limites sont à prendre en compte.

Distinguer opinion et connaissance, incertitude et ignorance

Le 1er juin 2017, le président des États-Unis Donald Trump annonce que son pays va se retirer des accords de Paris signés par son prédécesseur. L'objectif des accords : réduire les émissions de CO_2 pour limiter le réchauffement de la planète à 2 °C de plus que les températures de l'ère préindustrielle et ainsi restreindre les dégâts sur les fragiles équilibres de la planète. Les médias anglophones relaient la question que tout le monde se pose : comment Trump ose-t-il agir ainsi ? Ne croit-il pas au changement climatique ? S'adressant de l'homme qui dirige l'une des plus grandes puissances mondiales, la question semble tout à fait légitime. Au cours des cinq dernières années, Trump a utilisé les réseaux sociaux et notamment Twitter pour diffuser des affirmations provocantes sur la question, certaines allant jusqu'à accuser les Chinois d'avoir inventé l'idée de changement climatique pour leur donner un avantage dans la compétition industrielle qu'ils livrent avec les États-Unis ; d'autres épousant le point de vue de l'anecdote simpliste qui trahit une profonde incompréhension de la différence entre climat et météo – « comment croire à cette histoire de réchauffement alors qu'il fait froid comme jamais dehors ? »... Les faits semblent d'ailleurs moins compter que les opinions pour le président Trump. Pendant sa campagne électorale dans le New Hampshire, on l'entend répondre ainsi à une question sur le changement climatique : « Combien de personnes ici croient au réchauffement climatique ? Tu y crois toi ? Qui y croit ? Levez les mains ! Wow, pas beaucoup, n'est-ce pas ? Personne ? Une seule ? Toi un peu... Moitié-moitié ? » À l'époque, les sondages montraient que 1 citoyen américain sur 4 était sceptique par rapport au changement climatique. Ces chiffres ont récemment changé : les citoyens américains, probablement aidés par un hiver particulièrement chaud – mais quelle que soit la thèse choisie, s'appuyer sur des anecdotes reste toujours une mauvaise façon de procéder – sont maintenant plus largement persuadés qu'un événement majeur est en cours[10]. Mais là n'est pas le problème. La réalité du changement climatique ne relève pas d'un choix individuel, d'une opinion personnelle, de ce que nous voulons ou ne voulons pas croire. Le show médiatique du président américain surfe sur la volonté d'une partie de la population de prendre position sur le sujet. Pourtant, si les opinions personnelles ont toute leur place dans un débat sur des préférences politiques par exemple, elles ne sont tout simplement pas pertinentes pour savoir si la planète se réchauffe, pas plus qu'elles ne le sont pour savoir si « 3 est plus petit que 8 » – comme le fait remarquer le comédien John Oliver dans son show *Last Week Tonight*. Trump et les médias américains se trompent dans la formulation même de leur question : il n'y a rien à croire, il y a juste à comprendre des faits. D'autant que les phénomènes à l'œuvre dans la machinerie climatique sont complexes et souvent contre-intuitifs. Un raisonnement fondé sur des anecdotes, des impressions ou des *a priori* idéologiques, politiques est tentant[11]. Mais ce type de raisonnement n'a aucune chance de nous éclairer sur la réalité du changement climatique ou sur ses causes.

Une raison du malentendu repose probablement sur une forme particulière d'ignorance. Nous comprenons mal la science, sa finalité et les stratégies de production et de validation de la connaissance qu'elle met en œuvre. Elle nous semble agir comme une institution cachée avec ses propres règles. Comment décide-t-elle de ce qui constitue ou non une connaissance ? Est-ce la loi du plus fort qui règne pour imposer un courant de pensée ? Difficile d'accorder notre confiance à cet ensemble d'acteurs que l'on perçoit comme distants de nous, discordants, et dont le fonctionnement nous échappe. Cette ignorance de la nature de la science laisse place à beaucoup d'idées reçues. On peut s'imaginer par exemple qu'elle est toujours « certaine » de ses affirmations, que sa prétention est de dévoiler des vérités éternelles. Ainsi, on pourra entendre un journaliste demander au scientifique invité à son émission : « Êtes-vous sûr de votre affirmation ? » Si la réponse n'est pas absolue et positive, on ne tardera pas à suggérer que le scientifique n'en sait rien et qu'il est alors légitime d'écouter n'importe quelle opinion[12]. Parfois une fausse idée d'ouverture d'esprit ou de respect pour les idées d'autrui peut nous faire glisser vers une attitude qui consiste à traiter connaissances scientifiques et opinions personnelles sur un pied d'égalité. C'est ce droit à l'opinion personnelle que revendique Donald Trump lorsqu'il met sur le même plan les résultats rapportés dans des centaines d'articles scientifiques et son ressenti d'un jour d'hiver. C'est aussi la posture de l'enseignant qui, souhaitant ne pas présenter la science comme trop dogmatique, expose la théorie du climat sur le même plan que des positions climatosceptiques, ou la théorie de l'évolution sur le même plan que des théories créationnistes – aux États-Unis, une proportion significative d'enseignants choisit d'enseigner les « deux camps », tout en ayant une compréhension correcte des faits scientifiques[13].

En allant plus loin, on pourrait imaginer que la bonne posture à adopter est celle du sceptique : le scientifique serait celui qui doute par excellence. Le risque de ce type de formulation est de laisser penser que tous les contenus de connaissance sont sur un même plan et d'inciter à embrasser le doute radical, un scepticisme qui dirait « on ne peut être sûr de rien, rien n'est vrai ». Raisonner en termes de vrai ou faux est une source de confusion qui nous empêche de comprendre le travail des scientifiques. La connaissance scientifique n'est pas juste ou erronée. On peut simplement lui attribuer un degré de certitude, plus ou moins élevé, et ajuster sa confiance en fonction.

***

Ne pas sombrer dans un doute envahissant exige que deux conditions soient remplies : une ouverture d'esprit vers une source fiable, qui mérite notre confiance dans ce contexte ; et aussi un regard juste envers ses propres positions, permettant éventuellement d'abaisser au bon moment la confiance que nous leur portons. Or cette confiance que l'on se porte n'est pas uniquement assujettie à des raisons explicites et à un contrôle volontaire. Une partie de notre cognition – la métacognition – est dédiée à l'observation de notre propre processus de réflexion pour monitorer ce que nous savons, pensons, croyons à un moment donné ou pour évaluer ce que nous avons appris, si nous avons commis une erreur ou s'il faut changer de cap. Comme dans le cas des autres processus cognitifs, cette métacognition fonctionne de manière silencieuse[14]. Nous avons ainsi des intuitions sur la qualité de nos propres performances – l'intuition que notre dernière décision était la bonne par exemple[15]. Nous ne contrôlons pas de telles intuitions, mais celles-ci contrôlent nos comportements futurs. Ainsi, nous sommes prêts à demander de l'aide lorsque nous « sentons » que nous n'en savons pas assez. Même des bébés de 18 mois ont recours à ce genre de stratégie et cela sans utiliser de mots, juste en pointant du doigt des objets de leur choix ou en demandant par un geste l'aide d'un adulte lorsque leurs choix se sont révélés erronés dans un certain nombre de cas[16]. Ces mécanismes sont précieux pour guider nos comportements, mais ne sont pas exempts d'erreurs. Nous pouvons être trop confiants par rapport à nos performances réelles – un défaut que nous avons mis en évidence dès le premier chapitre – ou, au contraire, sous-estimer nos compétences[17].

L'objectif à atteindre est celui d'une bonne calibration de la confiance dans ses opinions et décisions, qui nous permettrait d'avoir confiance en nous quand nous le pouvons et d'être moins confiants et donc plus ouverts dans le cas contraire. C'est à ce prix que nous pourrons savoir quand nos opinions personnelles sont limitées et être ainsi motivés pour rechercher des connaissances fondées sur des preuves de qualité. L'intérêt de porter notre regard sur les coulisses de la science est de nous restituer la réalité, plus complexe que l'on imagine, des conditions de production du savoir. Il s'agira de mieux comprendre comment les idées sont non seulement produites et soumises au test, mais aussi validées par plusieurs lignes de recherche convergentes. Il est également important de comprendre ce que représente réellement l'incertitude pour la science. Car la science s'est dotée d'outils pour estimer correctement l'incertitude et pour rationaliser la confiance que la communauté porte aux différentes pièces de connaissance de l'édifice, et cela de manière régulière et consensuelle.

2

Troisième voyage au cœur de la science : le climat à la lumière des faits

En 1988, les sciences du climat se dotent d'un organisme spécifiquement dédié à l'évaluation régulière, exhaustive et objective des avancées scientifiques dans la compréhension du dérèglement du climat. Cette procédure ne répond pas à un souhait du monde de la science lui-même, mais découle d'une commande des décideurs politiques. Ceux-ci souhaitent en effet mettre en œuvre des actions appropriées et informées par la science face aux risques que fait peser le changement climatique – sécheresses extrêmes, inondations, hausse des océans, menace sur la biodiversité… – et leurs conséquences sur nos sociétés – comme les migrations climatiques – et sur notre économie – leurs impacts sur les cultures, par exemple. Le GIEC[1], le Groupe d'experts intergouvernemental sur l'évolution du climat, créé à l'initiative de l'Organisation météorologique mondiale et du Programme des Nations unies pour l'environnement, est aujourd'hui l'organisme international qui fait autorité pour décrire l'état des connaissances dans le domaine des sciences du climat. Son positionnement est à la croisée entre science et société. La grande particularité du GIEC est de se baser sur un processus d'évaluation collective des connaissances et de produire des rapports qui sont à disposition de toute la société, en consultation ouverte sur Internet. L'objectif est de faire émerger une vision consensuelle des connaissances sur le climat et son évolution, de manière à faciliter la prise de décision.

Il est surprenant de découvrir que, malgré son statut particulier, le site du GIEC n'apparaît pas dans les premiers résultats lorsqu'on effectue une recherche avec le moteur Google. Loin s'en faut... Dans certaines recherches, il peut ne ressortir qu'en troisième page. Trop loin pour la plupart d'entre nous, habitués à s'arrêter sur la première – 91 % des utilisateurs de Google ne vont jamais au-delà lors d'une recherche et plus de 50 % se contenteront même des trois premiers résultats de la page 1[2]. Ce constat interroge : le grand public a-t-il connaissance du fonctionnement du GIEC, voire de son existence ? Comment faire en sorte que le discours de la science s'impose si la société ignore tout des méthodes employées par les chercheurs pour se prononcer sur l'état de notre planète et son évolution future ? Or, quand aucun discours ne s'impose, chacun se sent libre de donner sa vision des choses, son opinion personnelle. L'enjeu est pourtant de taille. Dans le cas de questions urgentes comme celle du réchauffement climatique, hésiter peut signifier rater l'occasion d'inverser ou, du moins, de stabiliser une tendance dramatique pour notre futur.

Voici donc venu le moment d'éteindre la télévision, de fermer ces pages Web qui font planer un doute constant sur les conclusions scientifiques et, au contraire, de chercher à comprendre les méthodes et les preuves qui bâtissent la théorie du changement climatique d'origine anthropique. C'est avec cette idée en tête que nous partons maintenant rencontrer des scientifiques engagés avec le GIEC.

La voix d'une communauté

9 heures du matin, nous avons rendez-vous avec Valérie Masson-Delmotte. Valérie est directrice de recherche au CEA. Elle nous accueille au Laboratoire des sciences du climat et de l'environnement (LSCE) de l'Institut Pierre-Simon-Laplace, sur le plateau de Saclay[3]. Son bureau est classiquement décoré pour un chercheur : un ordinateur, beaucoup de livres et de documents qui débordent de la table pour couvrir une partie du sol, une carte de l'Antarctique derrière elle et des dessins humoristiques sur le réchauffement climatique sur sa porte. Que pense-t-elle de la question posée au président américain : « *Do you believe in climate change* ? » « Cette question n'a aucun sens, répond-elle. On devrait plutôt dire : "Est-ce que vous comprenez le changement climatique ?" ou, encore mieux : "Est-ce que vous comprenez les sciences du climat ?" » Valérie est habituée à répondre aux arguments climatosceptiques. C'était elle qui, quelques années plus tôt, s'était retrouvée aux prises avec Claude Allègre sur ce plateau télévisé pour tenter de faire la lumière sur les connaissances scientifiques. En 2015, la chercheuse en paléoclimatologie est appelée pour faire partie du groupe restreint de scientifiques qui président les travaux du GIEC. Depuis, elle copréside le Groupe 1, à l'origine des rapports concernant les bases scientifiques physiques du changement climatique et de ses causes. Deux autres groupes de travail composent le cœur scientifique du GIEC : le Groupe 2 est dédié à l'évaluation des impacts du changement climatique sur les terres, les océans, la biodiversité, les sociétés et les stratégies possibles pour s'y adapter ; le Groupe 3, composé de représentants des sciences économiques et sociales, a pour tâche d'évaluer les possibilités de réduction du réchauffement même et des impacts qu'il implique.

L'écriture d'un rapport

Au moment où nous écrivons, le travail du GIEC s'inscrit dans le sixième cycle de production de ses rapports, cycles qui durent environ cinq ans et pendant lesquels sont produits un rapport général d'évaluation – qui aborde l'ensemble des problématiques en lien avec le changement climatique –, un résumé pour les décideurs et des rapports spéciaux sur des thématiques précises. Ce sont les 195 États membres, soit la quasi-totalité des pays du monde, qui « commissionnent » en quelque sorte au GIEC ces expertises, en raison des informations dont ils ont besoin. Puisque des dizaines de propositions sont avancées par les politiques sur les thématiques à aborder lors de ces expertises, la première étape du travail consiste à trouver un accord sur les sujets qui seront traités.

Une fois cette première étape réalisée, un deuxième consensus doit être visé : celui concernant les points clé à couvrir. Pour un rapport spécial, 60 personnes environ sont rassemblées pour les réunions de cadrage, et ce nombre va jusqu'à 180 pour un rapport général. Pendant une semaine, les scientifiques travaillent en petits groupes de 10 à 15 personnes où chacun peut s'exprimer, noter ses attentes et ses recommandations.

L'étape suivante consiste à déterminer la liste des auteurs qui rédigeront le rapport. Les chercheurs des différents pays candidatent, et ceux retenus vont être nommés pour jouer différents rôles : coordinateur, auteur de chapitre ou responsable de relecture pour un chapitre donné. Le choix des candidats est une étape indispensable pour que, plus tard, le terrain soit favorable à la naissance du consensus. La mission est loin d'être évidente : il ne s'agit pas de s'appuyer sur des critères simplistes comme le nombre de publications dans des revues scientifiques. Le groupe constitué doit être capable de mettre sur la table un vaste panel de connaissances très spécialisées pour parvenir, au final, à une vision globale du changement climatique qui intègre des indicateurs aussi divers que l'état des océans, l'état de l'atmosphère et celui de la biosphère. Il n'y a probablement pas, autour de la même table d'auteurs d'un chapitre ou d'un rapport spécial, deux chercheurs qui partagent exactement les mêmes connaissances avec le même niveau de compréhension et de détail. À la complémentarité des compétences s'ajoute une complémentarité de profils. L'objectif est de constituer une équipe avec quelques chercheurs « sur le devant de la vague », pour reprendre les termes de Valérie, et qui sont donc porteurs d'une vision novatrice, d'autres plus expérimentés possédant une vision d'ensemble plutôt qu'une expertise dans un domaine étroit : « Les auteurs ayant réalisé des articles de *review* de qualité nous intéressent particulièrement, car ils ont acquis cette capacité de passer à la moulinette des articles produits par d'autres. » Les articles de *review* sont des publications scientifiques où les auteurs ne parlent pas de leurs propres recherches, mais tentent plutôt de dresser un panorama des recherches autour d'une question. De cette manière, ils peuvent identifier des lacunes dans les connaissances existantes, mais aussi percevoir l'ensemble des savoirs établis et évaluer la cohérence générale.

Le GIEC veille également à limiter l'influence de biais grâce à une diversité de cultures et de genres impliqués dans le projet. Cet aspect est particulièrement cher à certains philosophes, historiens et sociologues des sciences attentifs à la nature sociale de l'entreprise scientifique. Les scientifiques forment naturellement une communauté d'individus. En tant qu'individus, ils sont influencés par leurs valeurs, leurs croyances, et par leur contexte. Une communauté inclusive, qui comporte beaucoup de diversité limite cette influence : les individus porteurs de certaines valeurs et croyances perçoivent les influences auxquelles les autres sont soumis, et ceci rend possible un processus de correction. L'objectivité des conclusions que l'on peut atteindre est ainsi rendue plus forte. En revanche, si la communauté des scientifiques est homogène, ces valeurs, ces croyances et ce contexte deviennent invisibles à leurs yeux[4]. Le GIEC prend au sérieux ce risque : « On est à la recherche d'un équilibre entre les différentes régions du monde et de parité entre hommes et femmes – typiquement dans les nominations on a 30 % de femmes et on cherche à avoir la même proportion dans les auteurs sélectionnés. »

Le groupe constitué doit être capable d'exploiter cette diversité, grâce à des interactions et des échanges d'arguments. L'étape du choix des auteurs impose donc aussi de penser aux personnalités, de manière à s'assurer que dans l'équipe ainsi créée la parole circule facilement et dans toutes les directions. Agréger autant d'esprits différents dans leur manière de travailler et de penser est forcément un pari compliqué. Mais si tout le monde parvient à contribuer au projet en apportant ses connaissances et en prenant en considération celle des autres, un consensus riche pourra être envisagé : il se nourrira de tous les faits disponibles, et ne sera pas fragilisé par l'apport excessif d'une ou deux voix qui portent plus loin.

Alors que le grand public se contente souvent du terme « scientifique » pour accorder du crédit à un « expert » – repensez à la pétition de l'Oregon –, la procédure que le GIEC met en place pour guider son choix des auteurs est hautement structurée. Elle vise à réunir tous les acteurs dont les connaissances et les compétences peuvent servir à produire une synthèse aussi complète que possible du savoir actuel sur le sujet du changement climatique. Ces acteurs sont des experts, au sens où ils sont reconnus comme tels par une communauté spécifique : celle des scientifiques du climat. Ou par des communautés encore plus restreintes et spécialisées : la communauté des chercheurs sur les coraux, celle des développeurs de modèles de l'atmosphère, et ainsi de suite. Aucun expert à titre individuel ne pourrait à lui tout seul valider ou invalider un savoir complexe comme celui concernant le changement climatique. Cette procédure de choix des auteurs est donc elle-même révélatrice d'un aspect de la science fondamental de la science : sa nature collective.

La révision par les pairs

Le début du travail d'écriture d'un nouveau rapport est pourtant individuel, ou presque. Chaque auteur écrit son chapitre en consultant la littérature scientifique, les articles publiés dans les meilleurs journaux scientifiques, les revues de la littérature plus récentes, les rapports existants et naturellement ceux préalablement produits par le GIEC. Mais, bien vite, l'auteur va être obligé d'abandonner son écriture solitaire. Souvent, il ne dispose pas de toutes les compétences qui lui sont nécessaires pour mener à bien sa mission. Il fait alors appel à d'autres chercheurs, auxquels il demande d'écrire un paragraphe spécifique sur la base de leur expertise. Puis il est amené à fondre sa réflexion au sein d'un ensemble plus large, sous la coordination d'un auteur en chef, pour composer un ensemble cohérent. Tous les textes sont assemblés pour donner une première version du rapport. Les faits sont extraits et réagencés par une communauté qui discute, débat, et échange jusqu'à parvenir au meilleur consensus possible, à un instant donné de l'histoire.

Lorsqu'on arrive à ce point, il ne s'agit plus seulement d'assurer que toute la connaissance disponible a été mise sur la table, il faut faire en sorte que personne ne puisse se retrancher sur ses positions. Il s'agit donc de poser des endiguements contre certaines tendances fortes de l'être humain, et notamment le biais de confirmation (voir chapitre II sur notre visite au CERN). La science contemporaine dispose pour cela d'un outil supplémentaire que nous n'avons pas encore évoqué jusqu'ici : l'évaluation par les pairs[5]. Chaque connaissance scientifique est présentée à la communauté sous la forme d'un article de recherche dans une revue scientifique. Avant sa publication, tout article est envoyé à deux ou trois relecteurs par la revue qui évalue la possibilité de le publier. Ceux-ci ont pour mission d'analyser dans le détail les hypothèses, les méthodes et les résultats présentés dans l'article. Ils pourront alors suggérer aux auteurs d'apporter des modifications plus ou moins importantes, y compris de refaire une partie des expériences décrites ou de modifier les outils adoptés pour l'analyse des données. Ils pourront même refuser directement l'article s'ils identifient des problèmes majeurs. Le processus ainsi formalisé est récent. Même si le recours à des examinateurs externes à la revue trouve ses origines probablement déjà au XVIIIe siècle, il ne se diffuse qu'à partir de la fin du siècle suivant et devient la norme seulement vers la moitié du XXe siècle. La célèbre revue scientifique *Nature* l'institue de manière officielle seulement en 1967. Malgré tout, des imprécisions, voire des erreurs peuvent se faufiler entre les mailles du système. Et deux ou trois personnes se révèlent insuffisantes pour garantir un système fiable à 100 %[6]. Le GIEC a donc mis en place un système pour accroître encore sa vigilance, car sa position de groupe d'experts destinés à conseiller les décideurs politiques sur une question avec des retombées pratiques majeures lui confère une grande responsabilité. Valérie explique : « Je suis chercheuse aussi, je publie des travaux de recherche dans des journaux spécialisés. Mes articles sont relus par 2-3 chercheurs et reçoivent quelques pages de commentaires. Pour un chapitre du GIEC, on passe à 50, voire 100 relecteurs et des dizaines de pages de commentaires. » Le chiffre est bluffant et la démonstration réussie. Le GIEC a créé une sorte de super-évaluation par les pairs.

En construisant une communauté de chercheurs d'une grande diversité, le GIEC a réussi un double pari : se donner les moyens de rassembler l'ensemble des connaissances scientifiques disponibles à un instant ; mais également profiter de débats féconds entre les chercheurs pour faire avancer la réflexion scientifique du domaine. Il faut deux longues années pour consulter l'ensemble des spécialistes de chaque question, récolter la totalité des éléments disponibles et synthétiser le tout dans un paragraphe d'un rapport du GIEC. Au final, plus de 3 000 scientifiques auront contribué d'une manière ou d'une autre à un rapport. Et ces auteurs auront traité plusieurs milliers de commentaires critiques.

Un consensus pas comme les autres

Ce processus est convaincant, mais des questions persistent. Car, malgré tous les efforts et la bonne volonté des auteurs impliqués dans l'écriture des rapports, ne reste-t-il pas la possibilité que des interlocuteurs possédant des points de vue divergents ne campent sur leurs positions ? Nous insistons pour comprendre le processus jusqu'au bout : comment faire si les auteurs ne parviennent pas à un accord ? Vote-t-on ? La question n'est pas anodine. C'est en effet ce qu'a soutenu plus d'un opposant du GIEC, cherchant ainsi à lui coller l'image d'un organisme politique où la majorité remporte la partie. La réponse de Valérie est ferme : « Jamais on ne vote. Je n'ai jamais vu voter au GIEC, pas une seule fois ! » La prise de décision est collective, non majoritaire. Tout le monde est entendu, puis on choisit une proposition qui semble la plus fidèle possible, et qui déclare explicitement ce qui n'est pas pris en compte. Ensuite, on refait un tour de table : si tout le monde est d'accord, c'est gagné. Sinon, on recommence et on arrive sur une autre proposition. Ce processus est repris et repris encore jusqu'à ce que tout le monde considère que la formulation est la plus juste possible et que tous les articles source sont considérés. Il est plus facile de parvenir à un point de vue convergent quand on partage un même langage et un même système d'évaluation des informations. Les échanges entre membres du GIEC sont encadrés par cette vision commune d'une recherche de validation de la connaissance fondée sur des preuves, c'est-à-dire par l'évaluation des faits scientifiques qui soutiennent la connaissance, et des méthodes utilisées pour les obtenir. Quand, malgré ce terrain commun, les scientifiques ne parviennent pas à se mettre d'accord sur une vision commune – par exemple, parce que les preuves sont de faible qualité et qu'elles laissent la place à plusieurs interprétations possibles –, alors ils déclarent cette divergence de points de vue de manière explicite. L'art d'obtenir le consensus requiert donc aussi la capacité à se mettre d'accord sur les points de divergence et leurs origines. Le rapport rassemble ainsi aussi bien l'ensemble des savoirs qui font consensus à une époque donnée que la déclaration des questions pour lesquelles le débat persiste. « Être d'accord sur les raisons pour lesquelles il n'y a pas consensus dans la communauté scientifique, c'est ça le défi..., confirme Valérie. On veut comprendre pourquoi des études peuvent donner lieu à des résultats apparemment contradictoires. C'est là où il y a une ambiguïté que tout devient intéressant. Parce que finalement, c'est cela qui va pousser la recherche à dépasser les connaissances actuelles. » Le consensus réel s'atteint sans dissimuler les éventuels désaccords, mais au contraire en s'évertuant à les faire émerger.

Comprendre la science pour ne pas sombrer dans le doute

Le constat du changement climatique est établi depuis le premier des rapports du GIEC[7]. Cependant, entre le deuxième rapport et le cinquième, la responsabilité de l'être humain dans le réchauffement climatique n'est plus présentée de la même façon. En 1995, on peut lire : « En moyenne globale, la température à la surface a augmenté de 0,3 à 0,6 °C environ depuis la fin du XIXe siècle. Cette évolution n'est vraisemblablement pas d'origine strictement naturelle. » En 2001, le constat est bien plus affirmé : « De nouvelles preuves, mieux étayées que par le passé, viennent confirmer que la majeure partie du réchauffement observé ces cinquante dernières années est imputable aux activités humaines. » En 2013, la tendance se confirme : « L'influence de l'homme sur le système climatique est clairement établie, et ce, sur la base de données concernant l'augmentation des concentrations des gaz à effet de serre dans l'atmosphère, le forçage radiatif positif, le réchauffement observé et la compréhension du système climatique. » Le changement paraît anodin, il est en fait lourd d'implications ; chaque mot est pesé soigneusement, car il traduit l'état d'avancement des sciences du climat.

Durant l'espace de temps qui sépare deux rapports, l'ensemble des chercheurs continue à faire avancer les connaissances dans leur domaine respectif. Certaines avancées permettent de consolider un savoir – c'est le cas de l'affirmation de plus en plus nette de l'empreinte humaine sur le changement climatique en cours. D'autres faits continuent d'alimenter des débats et de motiver des recherches, progressant plus ou moins lentement vers une solution qui fera consensus au sein de l'ensemble de la communauté. Penser la progression scientifique comme une multitude de parcours sur lesquels la recherche avance à des rythmes différents permet de mieux appréhender cet aspect fondamental de l'entreprise scientifique : il ne s'agit pas d'un avancement linéaire vers des certitudes ancrées dans le marbre, mais d'une marche progressive vers une incertitude plus réduite[8].

La science est perçue par certains comme trop dogmatique, incapable de sortir de ses conceptions passées. Pour d'autres, sa nature même – celle d'une construction progressive et donc jamais achevée – autorise à douter de ses conclusions. La réalité est quelque part au milieu : certains savoirs sont maintenant si solides qu'il sera extrêmement difficile de les mettre à mal. Ailleurs, l'équilibre est encore fragile : les scientifiques constatent le travail qui a été accompli jusque-là, repèrent les failles et tentent d'apporter des réponses pour consolider l'édifice. Il est donc vrai que l'entreprise scientifique progresse et peut être remise en question. Mais il faut aussi admettre qu'il est très peu probable de voir certaines connaissances être un jour contestées.

Replongeons-nous dans le domaine de la glaciologie qui a motivé notre réflexion initiale pour illustrer ce concept important. Comment a progressé la connaissance dans ce domaine depuis les trente dernières années ? Prenons comme exemple la problématique de la dynamique des calottes de glace. Le changement est d'abord venu des progrès dans les méthodes d'obtention des données. Cependant, une accumulation d'observations n'est pas suffisante à elle seule et la compréhension des mécanismes est indispensable à faire avancer la connaissance. Dans le cas des calottes glaciaires, l'état des connaissances au début des années 1990 était basé sur un cycle relativement simple : la calotte se forme lorsqu'il neige ; la neige suit ensuite un cycle : elle se compacte, se déforme et elle s'écoule. Mais, par la suite, la science découvre de nouveaux éléments. Premièrement, l'étude des climats passés montre qu'il y a eu, au cours de cent derniers milliers d'années, des phases de débâcle massives très brutales de calottes, appelées événements de Heinrich. La description de ces événements par le géologue allemand Hartmut Heinrich date en fait des années 1980 : celui-ci observe des formations de sédiments particuliers découverts sur le plancher océanique de l'Atlantique nord qui contiennent des éléments rocheux de grosse taille, trop lourds pour avoir été transportés par les courants marins. L'hypothèse alors formulée est la suivante : la glace de la calotte érode le socle sur lequel elle se déplace. Les icebergs qui vont se former à partir de cette calotte incorporent des débris grossiers et les transportent avec eux au moment de leur débâcle. Lorsqu'ils fondent, ces icebergs déposent ces débris sur le plancher océanique. Ce qui surprenait alors la communauté scientifique, c'était la caractéristique soudaine et massive des arrivées de sédiments associées aux événements de Heinrich. L'évolution climatique était perçue comme structurellement lente, se faisant sur des centaines de milliers d'années, à de rares exceptions près. Or l'interprétation des événements de Heinrich montre qu'en réalité cette stabilité apparente est entrecoupée de phénomènes glaciologiques brutaux, de l'ordre du millier d'années. Parallèlement aux découvertes effectuées par les sédimentologues, les progrès technologiques ont permis de développer les observations par les satellites. De véritables fleuves de glace, zones où celle-ci s'écoule très rapidement, ont été découverts. Leur existence s'explique par des propriétés mécaniques particulières de déformation de la glace, qui ont ainsi été mises en évidence. Les modèles ont ainsi été améliorés et ont permis d'intégrer la possibilité d'instabilités dans l'écoulement de la glace qui ont lieu dans des conditions précises. Progressivement, les pièces du puzzle se sont mises en place.

La nouvelle compréhension ainsi obtenue du fonctionnement des calottes polaires représente certes un changement dans les connaissances relatives aux phénomènes climatiques. Mais au lieu de remettre en discussion l'image globale, elle participe plutôt à une meilleure compréhension des mécanismes en jeu dans le changement climatique en cours : l'évolution des idées se fait d'une manière plus progressive et cumulative qu'on ne s'imagine, sans rejet général des théories[9]. Les médias qui se délectent de titres sensationnalistes – « Les scientifiques avaient tort » ou « Une nouvelle étude remet en question les savoirs établis » – présentent une image bien caricaturale de la science. La plupart du temps, il s'agit de réajuster, à la hausse ou à la baisse, le curseur de confiance qu'on attribue à une idée.

L'erreur isolée n'ébranle pas un édifice de preuves

S'il est si important de décrire pas à pas ce phénomène de construction progressive du savoir, c'est qu'il a beaucoup d'implications. Une des raisons qui amène des personnes à douter de la science repose sur l'argument de la faillibilité de la science : « Puisque la science peut se tromper, on peut douter de tout ce qu'elle nous affirme. » Il est tout à fait admis que les scientifiques commettent des erreurs et des exemples d'anciennes prétendues vérités scientifiques, dépassées et améliorées depuis sont présents à notre esprit. Que faire de ce constat alors ? La tentation est grande de considérer, sans plus de discernement, que toute affirmation doit éveiller notre suspicion. Ce que l'on reconnaît parfois – à tort – comme une forme d'esprit critique, mais qu'on devrait plutôt appeler un « esprit de critique ».

Nous sommes en 2007. À la page 493 de sa partie du rapport, le Groupe 2 fait état d'une projection inquiétante : au rythme actuel, les glaciers des chaînes de l'Himalaya pourraient disparaître d'ici... 2035. C'est une nouvelle prompte à déclencher un vent de panique. Les autorités indiennes sont profondément choquées par la projection – pour elles catastrophique – et se plaignent que les données régionales obtenues par les chercheurs indiens n'aient pas été utilisées pour cette prédiction. Il s'agit en réalité d'une erreur, qui sera révélée en 2009 par un géographe canadien[10]. Sa suspicion est éveillée par le fait que la date semble trop proche, même au rythme de la fonte accélérée dont souffrent les glaciers indiens. Le géographe remonte à la source d'information utilisée par les auteurs du GIEC et s'aperçoit que l'idée fausse est en réalité déjà présente dans cette source.

Commençons par replacer l'erreur dans son contexte : celui des 938 pages qui composent le rapport du Groupe 2. Une erreur, ou même une poignée d'erreurs, est loin de pouvoir mettre à mal un tel édifice – la théorie – fait d'une si grande densité de preuves diverses et convergentes. Valérie utilise une autre métaphore pour évoquer la nature des théories scientifiques : « Les connaissances scientifiques ressemblent à un tableau impressionniste. Quand on s'approche de chaque connaissance, inexorablement, le flou domine. On peut toujours arriver à un niveau de détails tel que la résolution nous semble insuffisante et le travail peu satisfaisant. Mais faites quelques pas en arrière et admirez la toile dans son ensemble. Et voilà, le sens se fait. » Évaluer une théorie en déversant sur Internet des milliers de commentaires polémiques sur un sujet comme les glaciers de l'Himalaya n'a pas plus de sens que de juger un tableau impressionniste sur une zone restreinte de l'œuvre, qu'elle apparaisse imparfaite ou même erronée. C'est la cohérence de l'ensemble et des preuves à l'appui qui doit guider notre esprit critique. Pourtant, le « cas Himalaya » devient presque immédiatement après sa « découverte » un objet de discussion et de critique, et il est utilisé depuis pour jeter le doute sur la globalité de l'entreprise du GIEC.

Vous comprenez mieux maintenant le danger de se limiter à regarder de trop près certains faits, et de chercher à extrapoler à partir de pièces uniques : un glacier qui se réduit, un ours maigre à la dérive sur un morceau de glace ou encore une semaine anormalement chaude ou froide n'ont pas beaucoup de poids lorsqu'on les regarde isolément. Au moment de se forger des opinions, nous devrions toujours faire l'effort d'atténuer l'importance accordée à chacun de ces éléments et toujours chercher à privilégier l'image générale, la seule qui traduit réellement l'état de la connaissance scientifique à un moment donné[11].

Savoir gagner la confiance du citoyen

Pour mériter notre confiance, la science du climat doit être capable non seulement d'évaluer, mais aussi de communiquer l'incertitude qui accompagne inévitablement chaque connaissance et la confiance que l'on peut attribuer à chacune des affirmations avancées. Au travail rigoureux que mènent les scientifiques dans leur quête de connaissances s'ajoute donc une mission supplémentaire d'autoévaluation, un travail critique qui consiste à faire un pas de côté et à regarder en quelque sorte, d'en haut et de loin, le château en construction pour en établir les limites et les points faibles à renforcer.

Pour parler d'incertitude – ou mieux de degré de certitude –, nous avons pris contact avec Éric Guilyardi. Éric est directeur de recherches au Laboratoire d'océanographie et du climat-Expérimentation et approches numériques (LOCEAN-IPSL) et à l'Université de Reading, en Grande-Bretagne. Il a participé à la rédaction d'un chapitre du cinquième rapport du GIEC. Il est aussi très engagé dans la communication scientifique autour du réchauffement climatique. On peut l'écouter parler dans une conférence grand public, dans un cinéma, dans une école ou lors d'une formation pour enseignants… Ou bien dans son laboratoire du campus universitaire de Jussieu à Paris où nous avons eu le plaisir de le rencontrer.

Pour évaluer la confiance qu'ils peuvent accorder aux affirmations qu'ils avancent dans leurs rapports, les auteurs du GIEC utilisent une matrice dont Éric nous explique les principes. La matrice a deux axes. Le long de l'axe horizontal est représenté le degré de connaissance qu'on a du phénomène sur lequel on veut se prononcer. Ce degré de connaissance peut être faible, moyen ou fort en fonction des incertitudes sur les mécanismes qui l'expliquent, ou la quantité d'études qui lui ont été dédiées. Éric précise : « On arrive assez rapidement à se mettre d'accord sur cet axe car on a des outils statistiques pour se guider. » L'axe vertical sert à représenter le degré de convergence entre les différentes études qui portent sur le phénomène. La confiance sera d'autant plus forte que le nombre d'études qui tendent vers la même conclusion est élevé. Éric est spécialiste des échanges océan-atmosphère et du rôle de l'océan dans le climat. Il étudie en particulier le phénomène climatique cyclique d'ampleur mondiale et aux conséquences économiques et environnementales majeures nommé El Niño. Prenons donc l'exemple de l'évolution d'El Niño dans un contexte de changement climatique. La connaissance qu'on a du phénomène et de ses mécanismes est suffisamment élevée, donc on va le placer tout à droite sur le premier axe. Par contre, les études sur les changements futurs d'El Niño sont nombreuses, mais pas toutes d'accord entre elles. On se situe donc assez bas sur l'axe vertical. La matrice est divisée en 3 lignes et 3 colonnes, 9 cases au total délimitées par des lignes pointillées. Grâce aux deux axes – connaissance et convergence –, les chercheurs peuvent déterminer graphiquement le niveau de confiance associée à une connaissance[12].

Bien sûr, une telle évaluation contient une part de subjectivité et encourt le risque d'erreur de jugement. « D'où la nécessité de mettre en place une méthodologie la plus rigoureuse et transparente possible », insiste Éric. Des recommandations écrites rendent explicites les critères permettant d'assigner une affirmation à l'un ou l'autre des niveaux de confiance. Et pour que celles-ci soient comprises et respectées, un protocole de « calibration » entre les auteurs de chaque groupe de travail est mis en place dans les phases préparatoires de chaque rapport. L'occasion de s'exercer à plusieurs sur des cas d'étude et de confronter son jugement aux autres pour mieux s'harmoniser.

Le fonctionnement du GIEC illustre ainsi la capacité de la science à exercer une réflexion sur ses propres pratiques : l'approche interdisciplinaire autour de questions clés est développée, les échanges entre les groupes sont renforcés, le processus de calibration est affiné… Mais cette réflexivité s'accompagne aussi de nouveaux outils de communication, permettant de mieux visualiser le degré de certitude qui accompagne chaque affirmation, et de le justifier aux yeux du grand public.

Pédagogie

Bien que le métier de scientifique ne l'impose pas, les sciences du climat motivent certains de ses acteurs à endosser le rôle de pédagogues et à s'engager pour une meilleure compréhension publique de la science. Depuis 2015, chercheurs, doctorants et ingénieurs se font messagers et sillonnent la France dans le Train du climat[13]. Éric s'est beaucoup impliqué dans un tel projet : « La communauté scientifique servait de guide pour les visiteurs qui étaient de tout horizon. Et ce qui est frappant, c'est la curiosité du public, l'envie de comprendre… Mais aussi la méconnaissance de la démarche scientifique collective et des outils de la recherche. » Comprendre la science et ses outils permet de découvrir l'histoire de l'élaboration d'une connaissance, depuis sa naissance jusqu'à sa validation progressive et collective. Les médias suivent l'actualité de près : ils ont peu de temps pour revenir en arrière et donc suivre le fil de la connaissance scientifique. Même les grands journaux scientifiques comme *Nature* ou *Science* communiquent autour d'études ponctuelles. Et une étude donnée peut rester ponctuelle toute sa vie ou acquérir une importance majeure ; seul le temps et les recherches ultérieures permettront de le dire. Malheureusement, des idées marginales peuvent prendre plus de place aux yeux du grand public que le cœur de la matière scientifique.

Dans cet ouvrage, nous postulons que la compréhension de toutes les étapes qui mènent à la validation des connaissances scientifiques est une condition pour favoriser l'adhésion à celles-ci. Or, comme le souligne Valérie Masson-Delmotte, l'enseignement des sciences ne permet généralement pas de parvenir à cet objectif[14]. On se limite souvent à présenter aux élèves des notions, établies depuis plusieurs dizaines d'années voire de siècles. On les sensibilise beaucoup moins aux méthodes de la recherche et au processus progressif de construction des connaissances. Ainsi s'instaure une mauvaise perception de la science : la science sait ou ne sait pas. Et l'on se met à ne plus comprendre les scientifiques lorsqu'ils ne nous délivrent pas un message définitif et facile à s'approprier, comme on peut en découvrir dans une encyclopédie. Au moment de rapporter l'événement de la rupture de la barrière de glace Larsen en Antarctique en 2017 – qui a généré un gigantesque iceberg –, les journalistes d'une chaîne d'information française ont ainsi demandé à un glaciologue d'expliquer le phénomène. Celui-ci donne des éclairages sur la situation, tout en précisant qu'il est trop tôt pour relier l'événement au réchauffement climatique avec une confiance suffisante. Ce discours mesuré à peine achevé, la journaliste commente pourtant que le réchauffement climatique est assurément la cause du phénomène, et consacre les cinq minutes suivantes de son exposé à ce dernier, sans rapporter la prudence suggérée par le scientifique. Parler d'incertitude au grand public, parfois déjà méfiant envers le discours scientifique peut sembler risqué. « Je parle plutôt de degré de certitude que d'incertitude », nous a répété Éric à plusieurs reprises. Valérie insiste, comme nous l'avons fait au cours de ce chapitre, sur cette image d'une science qui avance : « On explique que chaque conclusion scientifique met en lumière tout ce que l'on sait… et tout ce qu'il reste à savoir. C'est une manière positive de parler d'incertitude. On souligne le fait que certaines conclusions ont un degré élevé de certitude, alors que d'autres ne sont pas encore suffisamment stabilisées, mais que ce constat oriente simplement les directions de recherche à venir. »

Transparence

Pour terminer ce chapitre dédié à la confiance, replaçons-nous en 2009, à la veille du sommet de Copenhague censé ratifier des décisions au niveau international en matière de politique environnementale, d'adaptation et d'atténuation. Le « cas Himalaya » fait déjà parler de lui. Dans les journaux tombe une « terrible » nouvelle. Des milliers d'e-mails de chercheurs de la Climatic Research Unit à l'University of East Anglia ont été piratés et certains d'entre eux semblent dévoiler une supercherie qui invaliderait toute la théorie du réchauffement climatique : des coupures ont été réalisées par les scientifiques sur les données pour cacher un déclin de la température. Une saveur de dévoilement de complot idéale pour se propager dans les médias et les réseaux sociaux. Valérie nous relate l'événement en toute transparence, mais avec une certaine amertume : « Cela a été utilisé pour faire croire qu'il y avait une dissimulation de données plus large et semer le doute sur l'ensemble de la communauté scientifique. » La vérité est moins palpitante : aucun trucage n'a eu lieu. La sélection de données pertinentes pour l'analyse est une étape incontournable de toute activité scientifique, et nous l'avons déjà vue à l'œuvre en écologie et en physique. Dans leurs e-mails, les scientifiques concernés commentent un article bien connu, publié dans la revue *Science*. Ils mentionnent plus spécifiquement le fait que l'un des indices utilisés pour suivre le changement de la température – les cernes des troncs des arbres et leur épaisseur – s'est révélé non fiable à partir des années 1960. Heureusement, d'autres indicateurs existent pour la période concernée, y compris des mesures directes de la température. C'est justement en comparant l'indice « cernes » avec les mesures directes que le premier a révélé sa faiblesse dans la période en question. Cet indice, commentent les scientifiques, reste valide pour un passé plus lointain, mais doit être mis de côté dans les graphiques pour la période après 1960, si on ne veut pas fausser les estimations globales. Voilà tout le mystère. Mais l'idée que les scientifiques usent de stratégies pour écarter certaines données fait bondir la presse, non sans l'aide de climatosceptiques. L'affaire ainsi présentée donne l'impression de se trouver face au dévoilement soudain d'une tricherie : « Méfiance : les scientifiques nous cachent des choses pour protéger leur communauté ! » Or cet effet de dévoilement est fictif. En réalité, la transparence que le public réclame comme preuve de la bonne foi des scientifiques et de l'absence d'intérêts privés ne s'acquiert pas en dévoilant leurs e-mails. Les données, toutes les données sont en accès public. Valérie explique : « On met tout en ligne, les données brutes ou, à défaut, la manière dont elles ont été calculées, et parfois même le programme informatique qui permet de passer des données initiales aux données représentées sur une figure. Je ne vois pas de manière d'être plus transparent que ça ! » En ligne nous trouverons non seulement les données, mais aussi tous les commentaires faits par les scientifiques aux auteurs des rapports, les réponses qui leur ont été apportées et ce qui a été changé ou pas, suite au commentaire. Comme nous l'avons signalé plus tôt dans ce chapitre, nous disposons naturellement de mécanismes pour évaluer l'information. Il faut cependant outiller ces mécanismes naturels par des connaissances pour les rendre efficaces dans les nouveaux contextes révélés par nos sociétés modernes. Les annonces sensationnalistes sont satisfaisantes à lire et à partager, et procurent à ceux qui doutent le prétexte attendu pour se retrancher sur leurs opinions. Tout l'enjeu est de chercher à remplacer ce goût pour le sensationnel par une appréciation correcte des indices que la communauté scientifique met à disposition pour juger de sa fiabilité. Et apprendre à ne pas surréagir.

La communauté scientifique, de son côté, doit poursuivre cet effort actif de transparence et chercher à le communiquer clairement auprès du grand public, pour que celui y ait plus facilement accès.

3

Message à emporter : compréhension et confiance

La vie d'une connaissance scientifique ne s'arrête pas à la porte du laboratoire ou de l'ensemble des laboratoires qui l'ont vue naître. Certaines connaissances quittent ainsi la sphère du monde scientifique et viennent rencontrer la société, et les citoyens que nous sommes. Nous voilà avec, dans les mains, une information dont nous maîtrisons mal le sens, l'origine, et les mots qui la constituent. L'information nous plaît ou ne nous plaît pas. On y adhère, on y croit… ou non. Depuis que les sciences du climat sont entrées dans nos vies, elles animent des débats télévisés, elles remplissent des pages d'Internet, font la une des journaux et arrachent des commentaires à tous les présidents de la planète, dont, on l'a vu, le président Trump. La question du climat fait partie de ces sujets sur lesquels « on a une opinion », indépendamment de la connaissance que nous avons des faits et de l'état du savoir atteint par la science. Au « Croyez-vous au changement climatique ? » prononcé par les médias anglophones font écho les « Tu y crois, toi, au changement climatique ? » devant les machines à café ou lors des dîners familiaux.

Nous avons souligné, dans ce chapitre, à quel point notre mécompréhension de la science affecte notre capacité à évaluer les informations qui circulent sur nos réseaux. La production des connaissances scientifiques possède des caractéristiques propres, qui s'éloignent certainement de l'image simpliste que l'on s'en fait. Oubliez les chercheurs isolés dans leur laboratoire, mettant au point l'expérience qui permettra l'heureuse épiphanie. La science gagne sa solidité parce qu'elle est, au contraire, une lente accumulation de savoirs dont certains se stabilisent par leur haut degré de convergence. Des débats peuvent naître entre chercheurs, et des connaissances passées peuvent être remises en question. Mais tout cela n'est pas de nature à ébranler les édifices que sont les théories scientifiques. En leur cœur, leurs fondations sont consolidées par des faisceaux de preuves sur lesquels la société peut s'appuyer. En toute confiance.

Nous avons aussi voulu ici montrer le rôle clé des communautés d'experts, comme celle du GIEC, malheureusement encore peu nombreuses en science. Ces interfaces entre les laboratoires et le reste de la société nous aident à clarifier nos idées et à rendre plus justes nos prises de décision. Notre esprit critique individuel, mis à mal par les messages antagonistes diffusés sur la Toile et dans notre entourage, a besoin d'être aidé par un environnement favorable où le discours des experts se fait plus facilement entendre. Des relais – les enseignants, les médiateurs, les politiques – peuvent s'emparer de ce discours et, à leur tour, le passer au reste de la société.

Au final, c'est un tissu social d'esprit critique qui aura émergé. Son existence implique tout à la fois que les experts se montrent pédagogues et transparents vis-à-vis de leurs méthodes, et que les citoyens deviennent capables d'accorder leur confiance (éclairée) aux sources qui la méritent.

On ne peut pas toutefois nier que, pour le grand public, identifier les connaissances solidement établies est une entreprise particulièrement difficile. Encore plus à une époque où les savoirs sont toujours plus spécialisés et distants de notre vie quotidienne. Et où certains discours – que l'on décrit parfois sous le terme

« pseudosciences » – prennent l'apparence de la science sans en être réellement[1]. À la recherche d'un livre scientifique, nous pourrons ainsi nous diriger vers le rayon correspondant d'une grande librairie et nous retrouver face à un mélange inextricable de littérature de médiation scientifique, de livres concernant des méthodes miracles pour soigner le cancer, de conseils de self-help difficiles à distinguer d'un horoscope. Le tout bien rangé sous le label « science ». Comme les rayons des librairies, Internet nous présente des informations plus ou moins ordonnées, mais les critères de ce rangement nous sont souvent opaques. Qu'est-ce qui explique qu'une information apparaisse à la page 1 plutôt que 10 lors d'une recherche ? Est-ce vraiment parce qu'elle est « meilleure » que les autres ? Plus fiable ? Quelle est la signification des « like » postés sur une page de blog : est-ce l'effet d'une réputation bien méritée ? Comment affectent-ils l'appréciation de la page ou de l'auteur ainsi « décorés » ? Cet exemple illustre bien comment, à l'ère d'Internet, le prestige peut être facilement manipulé ou, tout simplement, artificiellement gonflé, du moment où il ne dépend que de « ce que les autres en disent[2] ». Mais cela est vrai aussi en dehors de la toile. Juger un expert est une tâche difficile lorsqu'on manque de critères appropriés : est-ce que le nombre d'apparitions à la télévision est un bon indicateur ? Peut-être le nombre de livres publiés ? Ou d'articles… Oui mais alors, dans quelles revues ? Gloria Origgi, philosophe, propose une recette au problème de la confiance dans le monde de la spécialisation des connaissances et d'Internet. Il s'agit d'une double alphabétisation : d'une part, une éducation à nos propres contraintes cognitives – notre tendance à trouver un « like » intéressant par exemple – et à la manière dont elles guident nos interprétations de ces corpus d'information ; d'autre part, une éducation à la manière dont les sources d'information acquièrent leur autorité et leur – bonne ou mauvaise – réputation. Il sera alors plus facile de les choisir à bon escient.

D'autres fois cependant, même un citoyen prudent peut perdre pied. Les semeurs de doute et les conspirationnistes « amateurs » s'efforcent de construire des édifices aussi hauts et aussi solides, en apparence, que ceux des scientifiques. Naissent ainsi des théories « alternatives » qui peuvent ressembler comme deux gouttes d'eau à une théorie scientifique. En apparence, mais en apparence seulement, elles s'appuient, elles aussi, sur des preuves multiples, elles ont recours à des arguments techniques, emploient un vocabulaire scientifique. En plus de cela, elles ont des avantages à faire valoir : elles s'appuient sur des exemples parlants, elles possèdent cet aspect satisfaisant de simplicité et de dévoilement contre lequel la science ne peut pas toujours lutter, elle qui est souvent difficile d'aspect et inexorablement nuancée. Le citoyen, désorienté entre ces deux sons de cloche, aura tôt fait de basculer du côté du doute, voire des théories alternatives.

Et si la Terre n'était pas ronde, comme on cherche à nous le faire croire ? C'est vrai que si vous prenez votre voiture et roulez longtemps de l'est vers l'ouest, du nord au sud, vous n'avez pas l'impression de suivre une ligne courbe… Et si les Américains n'avaient jamais marché sur la Lune ? Certaines photos des astronautes prises sur la Lune semblent montrer des choses suspectes quant à la position des ombres, pouvant faire penser qu'elles auraient été prises dans un studio de Hollywood… À moins de posséder des connaissances spécifiques, il est probable que vous n'ayez rien à répondre à la personne qui vous interpellerait de la sorte, surtout si elle a été suffisamment motivée pour parcourir un site Internet ou deux. Face à un interlocuteur prêt à dresser une liste d'arguments et à contrecarrer les nôtres infatigablement, nous nous sentons vite impuissants. Et si même l'envie nous prenait de chercher à répondre point par point à notre interlocuteur, ce serait le plus souvent un combat perdu d'avance et le point de départ de discussions sans fin. Pourtant, la négation de faits historiques et celle de théories scientifiques établies nuisent à la construction de notre société et à son évolution positive, en empêchant le partage d'un socle commun de savoirs sur lesquelles fonder nos positions et nos décisions. Y a-t-il une voie de sortie ? On peut apprendre à reconnaître certains « signes » d'une théorie complotiste et espérer les appliquer au besoin. Ainsi, Michael Shermer propose une check-list en dix caractéristiques d'une fausse théorie du complot[3]. Nous vous laissons faire l'exercice sur les tours jumelles du World Trace Center, les théories alternatives concernant la mort de JFK, l'exploration lunaire ou les Illuminati. Nous pensons qu'un tel outil ne fonctionne pas si mal… mais qu'il est long et coûteux à mettre en place. Et malheureusement, même le plus courageux d'entre nous n'est pas à l'abri d'un petit manque de motivation. Aurait-on une solution plus simple sous la main ?

En créant le GIEC, les sciences du climat ont fait un énorme effort pour mériter notre confiance : elles se sont prêtées à la critique des pairs d'une manière encore inédite, elles ont joué le jeu de la transparence. Elles ont engagé la réputation de tout un groupe de scientifiques. Si elles ont réussi de cette manière à gagner notre confiance, alors elles nous ont aussi fourni une réponse « facile » aux théories du complot qui cherchent à nier la réalité du changement climatique : développons la confiance éclairée envers la science officielle et nous n'aurons plu alors à nous méfier des théories alternatives…

CHAPITRE IV

Des repères pour décider

Enquête autour des vaccins

« Plus que jamais, les idéaux de raison, de science, d'humanisme et de progrès ont besoin d'une défense sans réserve. Nous prenons de tels cadeaux pour acquis : des nouveau-nés qui vivront plus de huit décennies, des marchés débordant de nourriture, de l'eau propre qui apparaît d'un simple geste… les connaissances et la culture du monde à notre portée immédiate. Mais ce sont des réalisations humaines, pas des droits de naissance cosmiques. […] Nous savons que les pays peuvent perdre ces acquis. Et c'est à nos risques et périls que nous ignorons les réalisations des Lumières. »

Steven PINKER,
Le Triomphe des Lumières, 2018.

Notre dernière enquête commence à la fin du XXe siècle, avec l'histoire d'un médecin, souvent évoqué comme l'une des causes majeures de l'hésitation actuelle envers certains vaccins. Il est possible que vous n'ayez jamais entendu parler de cette histoire, ni de ses protagonistes. En revanche, il est presque certain que l'information associée à ce récit soit parvenue à vos oreilles : il existerait une association prouvée entre autisme et vaccins, et notamment entre autisme et vaccination ROR (rougeole-oreillons-rubéole). Si vous êtes familier avec cette idée, alors que plusieurs études ont démontré qu'elle est sans fondement, c'est qu'il existe un problème dans la manière dont l'information circule et dans la manière dont nous évaluons ces informations et leur accordons notre confiance[1]. Remontons le fil de l'histoire que l'on nomme maintenant l'« affaire Wakefield ».

Nous sommes en 1998, et la prestigieuse revue scientifique *The Lancet*, spécialisée en recherche biomédicale, publie un article signé par les médecins anglais Andrew Wakefield, John Walker-Smith et 11 de leurs collègues de la Royal Free Medical School et du Royal Free Hospital, un hôpital de la région nord de Londres[2]. Même si dans la suite de ce récit nous nous référerons à Wakefield et à Walker-Smith comme à deux médecins, il vaut mieux anticiper que ce titre leur sera révoqué dans la suite des événements. Cette révocation sera la conséquence d'une investigation longue de sept ans, menée par un journaliste anglais Brian Deer et ensuite consignée dans les enquêtes officielles du General Medical Council[3]. Dans l'article incriminé, les auteurs avancent trois affirmations et une interprétation. Première affirmation : 12 enfants envoyés au Royal Free Hospital dans le service de gastro-entérologie pédiatrique présentent des symptômes intestinaux et des troubles comportementaux de type autistique, montrant une régression au niveau du langage. Deuxième affirmation : les parents de 8 des 12 enfants déclarent que les symptômes sont intervenus de façon brutale juste après la vaccination ROR. Les médecins ayant interrogé les parents à l'hôpital rapportent que l'intervalle entre la vaccination et l'apparition des symptômes comportementaux est en moyenne de 6,3 jours. Troisième affirmation : les enfants ont été examinés et les biopsies ont révélé la présence d'inflammation au niveau intestinal chez 11 enfants sur 12. L'interprétation maintenant : les enfants examinés souffrent d'une pathologie encore inconnue, un syndrome – « cérébro-intestinal » – qui comprend les symptômes mentionnés, associé à un événement déclenchant : la vaccination trivalente ROR. L'article est en réalité une imposture. Au cours d'interviews menées pendant son enquête, le journaliste Brian Deer du *Sunday Times* découvre qu'il existe des liens obscurs qui unissent Wakefield avec plusieurs des familles dont les enfants ont reçu le diagnostic de syndrome « cérébro-intestinal » et avec un avocat, Richard Barr. Ce dernier travaille notamment pour une association antivaccin (JABS). Deux ans avant le déroulement de l'étude et la publication du résultat, Wakefield est contacté par Barr et les deux discutent du prétendu syndrome cérébro-intestinal. Barr met les familles en contact avec Wakefield et tisse ainsi un lien entre eux avant que l'étude ne se déroule[4].

Un point cognitif est nécessaire pour comprendre en quoi le fait que les parents échangent par téléphone avec le docteur Wakefield ne peut pas être considéré comme insignifiant du point de vue de la scientificité de l'étude. Plusieurs études sur la mémoire montrent la facilité avec laquelle les souvenirs d'un témoin peuvent être influencés, involontairement, par la manière dont la question leur est adressée – les tribunaux prennent désormais en compte ce genre d'influence, qui est loin de se manifester seulement dans le cas d'un témoin d'accident ou d'un jury[5]. Les témoins en cause dans l'affaire Wakefield sont d'ailleurs des êtres fragiles, désespérément à la recherche d'une explication pour les problèmes comportementaux de leurs enfants.

Venons-en maintenant au diagnostic effectué par Wakefield. L'investigation de Brian Deer mettra en évidence que celle-ci se base sur des données manipulées : sur les 12 enfants de l'échantillon, seule une sous-partie souffre en réalité de la forme d'autisme proclamée par Wakefield ; et seulement 2 des 12 enfants examinés présentent des signes d'inflammation intestinale. Les pathologistes ayant rédigé les premiers rapports ne signalent rien de très anormal. C'est Walker-Smith, deuxième auteur de l'article, lui aussi accusé d'avoir couvert ses intérêts financiers dans l'affaire, qui va se charger de modifier le diagnostic de chaque enfant. Même la temporalité des symptômes est en réalité difficilement compatible avec un lien de cause à effet du vaccin vers la maladie. Les parents des deux enfants ont rapporté certains symptômes cognitifs et comportementaux à leur médecin traitant *avant* que l'enfant n'ait reçu son injection vaccinale. Et la mère d'un autre enfant aurait déclaré dans une interview au journaliste que les symptômes comportementaux sont intervenus entre deux et six mois après la vaccination. Beaucoup trop pour appuyer l'hypothèse causale de Wakefield. L'enquête autour du « cas Wakefield » révèle ainsi tous les dessous d'une fraude[6].

Pourquoi produire un faux ? La motivation, au moins dans le cas du principal intéressé, est tellement banale qu'on en serait presque déçu : la collaboration avec Barr rapportera à Wakefield 435 000 livres sterling, soit autour de 500 000 euros. L'existence d'un intérêt financier direct n'est pas déclarée dans l'article, et les autres auteurs soutiendront ne pas en avoir eu connaissance à l'époque de leur collaboration avec Wakefield. Wakefield omet dans l'article un autre fait gênant : il était à l'époque en train de monter avec sa femme différentes start-up pour la production d'un vaccin alternatif au ROR et tenter de mettre au point des tests et des soins en lien avec un syndrome dont l'existence reste à ce jour non prouvée.

***

En 1999, un an seulement après le début de l'affaire, le nouveau chef du département de médecine du Royal Free Hospital et le *provost* de l'Université UCL écrivent une lettre à Wakefield l'invitant à reproduire ses recherches, à les mener sur des cohortes plus larges et par des méthodes plus rigoureuses, de manière à confirmer, si possible, ses résultats. C'est la « règle » en science : pour être crédible, un résultat doit être reproductible, et une connaissance n'est pas le fruit d'une observation isolée, mais d'un ensemble de preuves de bonne qualité. L'affirmation avancée par Wakefield n'est donc pour l'instant rien de plus qu'une hypothèse aux yeux de ses collègues. Mais Wakefield n'en fera rien. Le *provost* le rappellera à l'ordre en 2000 : où sont les études promises ? En l'absence de résultats complémentaires, il demande à Wakefield de ne pas se lancer dans de nouvelles déclarations publiques. Wakefield en appelle à sa liberté de chercheur pour décider quand il sera opportun de mettre en place les études demandées. Il est renvoyé en 2001 – sans faire de bruit. Puis, en 2004, le journaliste Brian Deer publie son premier article d'enquête. D'un seul coup, la bulle éclate. Les activités de Wakefield ainsi que les données produites sont passées au peigne fin. L'establishment médical se mobilise. Les éditeurs de la revue *The Lancet* publient une déclaration qui fait état des intérêts financiers cachés – mais refusent de charger les auteurs de conduite malhonnête ou non éthique. Onze des coauteurs – tous, sauf Wakefield et Walker-Smith – procèdent à la rétraction de l'interprétation donnée dans l'article original : ils déclarent qu'en fait aucune interprétation causale ne peut être avancée à partir d'un nombre de données aussi limitées. En 2007, le caractère malhonnête et irresponsable de Wakefield est reconnu par la commission du General Medical Council en charge de l'affaire. Il faudra cependant attendre 2010 pour que l'article soit retiré par la revue et que les deux premiers signataires de l'article soient bannis de l'ordre des médecins[7]. Non seulement pour avoir menti mais aussi pour avoir soumis des enfants à des examens médicaux lourds – une ponction lombaire et d'autres examens invasifs – sans l'assentiment du comité d'éthique de l'hôpital qui, dans le cadre d'une telle « étude », aurait dû être mobilisé. Le combat aurait certainement demandé beaucoup plus de courage – et de bruit – de la part du monde médical. Au final, même renvoyé, Wakefield sera payé encore deux ans par son université, et son hôpital lui aura fourni beaucoup de supports en termes de communication – agissant comme une caisse de résonance pour ses affirmations en échange de promesses de collaboration potentiellement profitables en termes monétaires et d'image.

***

Le cas Wakefield est intéressant à plusieurs égards. Premièrement, il nous oblige à nous interroger sur la manière dont les institutions scientifiques peuvent se protéger et nous protéger contre ce genre de fraude, qui met en danger notre confiance et, dans des cas aussi extrêmes, des vies humaines. Comment une telle fraude a-t-elle pu être perpétrée ? Comment a-t-elle pu passer inaperçue aux yeux des collègues scientifiques de Wakefield, des relecteurs de l'article eux-mêmes scientifiques et des éditeurs d'une revue prestigieuse ?

Nous sommes en effet face à un cas d'école de « mauvaise science » : des intérêts autres que la vérité scientifique ont pesé ; la recherche de corrélations a été forcée ; des considérations causales ont été tirées mais jamais mises à l'épreuve ; une manipulation volontaire des données a été effectuée, pour y voir ce qu'on voulait voir, et confirmer ainsi des hypothèses contre les preuves qui s'accumulaient dans le sens contraire. Vous reconnaissez probablement dans cette description un florilège d'erreurs mises en lumière tout au long du livre. L'étude Wakefield a l'*aspect* d'une démarche scientifique, mais ce n'est qu'un semblant de science. Wakefield est allé même plus loin : il a fait croire qu'il détenait plus qu'une hypothèse et a laissé planer le doute sur le lien vaccin-autisme, au lieu d'entreprendre rapidement des travaux pour confirmer ou infirmer ladite hypothèse.

Ces limites intrinsèques de l'« étude » de Wakefield ne sont d'ailleurs pas passées inaperçues aux yeux de la communauté médicale à l'époque des faits, loin de là[8]. Pour en pondérer la perception immédiate, l'éditeur de *The Lancet* publie dans le même numéro de février 1998, un commentaire signé par deux membres influents du Center for Disease Control américain[9]. Les auteurs du commentaire rappellent que la vaccination est une pratique fondamentale de santé publique et que les vaccins sont soumis aux standards les plus élevés de sécurité. Ils soulignent plusieurs limites de ladite étude : l'échantillon observé (12 enfants) est trop réduit pour en tirer des conclusions affirmatives ; la méthodologie adoptée, purement observationnelle, est incapable de constituer à elle toute seule une preuve de qualité. Les auteurs attirent également l'attention sur le fait qu'il est particulièrement facile d'attribuer aux vaccins de faux effets secondaires négatifs. En effet, l'âge auquel on administre les premiers vaccins est aussi celui auquel certains troubles et anomalies du développement peuvent se déclarer. Comme les vaccins sont très diffusés, une régularité – vaccin-autisme, par exemple – est très susceptible d'apparaître, en dehors de toute relation causale. Autrement dit, il est malheureusement aisé de conclure trop vite à leur responsabilité.

Mais alors pourquoi avoir accepté de publier l'article de Wakefield et de ses collègues dans une revue aussi prestigieuse ? L'éditeur déclara que c'était la bonne démarche à adopter face à une hypothèse avec des conséquences si importantes : l'éthique de la recherche médicale impose de considérer avec une extrême vigilance tout risque éventuel, même très peu probable, qui pèse sur la santé d'enfants sains. Publier l'article, c'était donner la possibilité à la communauté scientifique de poursuivre l'étude de cette hypothèse aux enjeux de société. Si cette démarche semble légitime, on ne peut pas négliger les conséquences qu'elle engendre pour le grand public. Ce dernier ne dispose pas des outils de vigilance que possèdent naturellement les experts du domaine. Il n'est pas préparé à considérer comme « une preuve de faible niveau en cours de vérification » les conclusions de l'article de Wakefield. Celles-ci atterrissent dans les journaux et font l'effet d'une bombe, avec les effets dévastateurs qui vont avec.

L'affaire Wakefield a en effet laissé une marque indélébile sur l'opinion publique et est considérée comme l'une des causes de la méfiance envers les vaccins que nous vivons en ce moment. À partir de 2001, et en dépit de sa mise à l'écart progressive du monde de la science, Wakefield devient un héros médiatique, qu'on prétend – et qui se prétend – écarté de sa profession à cause de ses idées non conformistes et de son opposition au « système ». Les médias le présentent comme un champion des familles ayant des enfants autistes. Victime et sauveur, il a tout pour plaire. C'est ainsi qu'une journaliste du *Daily Telegraph* va jusqu'à imaginer une version hollywoodienne de l'histoire, avec Russel Crow dans le rôle de Wakefield et Julia Roberts dans celui d'une mère en détresse. Elle sera élue journaliste scientifique de l'année[10].

Ponctuellement, la presse rapporte le point de vue répandu au sein de la communauté des experts. Pour eux, le vaccin ROR répond aux critères de sécurité largement acceptés par les scientifiques. De plus, le lien entre le vaccin et l'autisme n'a jamais pu être confirmé.

D'autres scientifiques se sont en effet saisis du questionnement ouvert par Wakefield et ont entrepris à deux reprises de vérifier la prétendue corrélation entre autisme et vaccination ROR, en se basant, cette fois, sur de larges cohortes[11]. Leur conclusion est sans appel : il n'est pas possible de mettre en évidence une association, donc encore moins un lien causal, entre vaccination ROR et l'apparition des symptômes de l'autisme.

En dépit de ces preuves, la vaccination au Royaume-Uni s'effondre entre 2000 et 2004, et atteint son plus bas niveau avec une couverture d'environ 80 % de la population – selon l'OMS, la couverture idéale pour le contrôle d'une maladie comme la rougeole est de 95 %[12].

Le Royaume-Uni est d'ailleurs loin d'être le seul pays où la méfiance envers les vaccins s'est propagée dans un laps de temps relativement court – un peu moins de deux décennies. En 2018, 82 598 cas sont officialisés l'Organisation mondiale de la santé, soit le taux le plus élevé de la décennie[13]. Selon le Centre européen de contrôle des maladies, 22 décès ont été comptabilisés sur un an entre avril 2018 et mars 2019[14]. La France et l'Italie sont parmi les pays plus touchés par les épidémies. En 2007, la France semblait pourtant à deux pas d'éliminer la rougeole. Peu de cas avaient été enregistrés entre 2006-2007 – respectivement 40 et 44 cas[15]. Une enquête menée en 2006 avait cependant mis en évidence l'existence d'une résistance à la vaccination motivée par la perception de celle-ci comme risquée[16]. Au printemps 2008, on enregistre des cas de rougeole dans des écoles privées et auprès de familles antivaccin. En 2009, le virus se diffuse au-delà de la communauté initiale et se multiplie rapidement. Entre 2008 et 2011, l'épidémie aura atteint 22 178 cas, dont 2 582 avec complications – pneumonie, otite, myélite, encéphalite, hépatite, pancréatite. On estime que 4 980 personnes auront été hospitalisées ; 10 sont mortes, dont 7 patients immunodéprimés. Les régions les plus gravement atteintes sont faciles à identifier :

il s'agit de celles avec la couverture vaccinale la plus basse, situées dans le sud du pays. Mais l'épidémie touche aussi des enfants de régions avec une couverture vaccinale élevée, supérieure à 90 % de la population. Elle s'attaque à des enfants trop jeunes pour être vaccinés, ou aux sujets qui ne peuvent pas l'être du fait de leur état général de santé. En 2008-2009, face à la diffusion de l'épidémie, les campagnes de vaccination s'intensifient. Les médias s'impliquent pour relayer le fait que la probabilité de tomber malade en l'absence de vaccination est élevée. Ils décrivent également les risques associés à la rougeole. Mais les campagnes de rappel des vaccinations recommandées par le ministère de la Santé n'ont pas le succès escompté. L'épidémie durera jusqu'en 2012. Aujourd'hui encore, la France n'a pas atteint l'objectif de couverture à 95 % recommandé en Europe. La deuxième vaccination, bien que nécessaire, est celle qui fait particulièrement défaut.

Et la rougeole n'est pas un cas isolé, loin de là. On vaccine moins aujourd'hui qu'il y a vingt ans, et cela en dépit des indications qui sont fournies par les organisations sanitaires internationales et par les agences gouvernementales des différents pays occidentaux. Une véritable épidémie de méfiance.

***

Pour mieux comprendre les conséquences de l'hésitation vaccinale, nous avons interrogé Pier Luigi Lopalco, professeur d'hygiène et maladies infectieuses à l'Université de Pise. Avant d'atterrir à Pise, Pier Luigi a endossé pendant dix ans la position de responsable du programme sur les maladies à prévention vaccinale du Centre européen de contrôle des maladies, qui a son siège en Suède. Depuis, il est fortement engagé dans la communication autour des maladies infectieuses et il a publié entre autres un livre d'information générale sur les enjeux de la vaccination[17]. Pour Pier Luigi, étudier l'évolution de la durée de vie chez l'être humain suffit à démontrer l'importance pour l'humanité de cette découverte qu'est le vaccin. L'espérance de vie humaine à la naissance, de l'aube de la préhistoire aux millénaires, jusqu'à la fin du XIXe siècle, n'a jamais changé de façon significative : elle s'est toujours maintenue autour de 35 à 40 ans. Même les avancées majeures en termes de bien-être et d'hygiène portées par l'avènement de l'industrialisation n'y ont rien fait. Le grand bond en avant n'est observé que depuis les premières décennies du XXe siècle, lorsque la lutte efficace contre les maladies infectieuses a commencé dans le monde occidental grâce à la découverte d'antibiotiques et de vaccins. Selon Pier Luigi, les pratiques hygiéniques, bien que très importantes, n'auraient jamais suffi à elles seules pour éradiquer le fléau de la variole ou pour faire disparaître des maladies telles que la poliomyélite, le tétanos ou la diphtérie. Dans les pays dotés de programmes de vaccination efficaces, les maladies évitables par la vaccination ont disparu ou ont été réduites d'au moins 90 %. Sans remonter trop loin dans le temps, il suffit de penser que l'Italie, dans la période prévaccinale, observait chaque année des épidémies avec 6 000 à 10 000 cas de poliomyélite, 35 000 cas de diphtérie et 600 cas de tétanos. Pier Luigi va même plus loin : « Certaines maladies infectieuses ne peuvent être combattues que par la vaccination. » C'est le cas, par exemple, de maladies particulièrement contagieuses qui se propagent par voie aérienne. Les mesures d'hygiène ou d'isolement ne sont pas très efficaces pour ces maladies qui se transmettent souvent pendant la phase d'incubation, alors que la personne ne sait pas encore qu'elle est infectée. Un exemple typique est la rougeole. Ce virus accompagne l'humanité depuis la nuit des temps. Seules des campagnes de vaccination efficaces ont permis d'éliminer la rougeole du continent américain et de limiter leur propagation à la plupart des pays européens. En règle générale, nous devons considérer que les vaccins sont développés quasi exclusivement pour les maladies pour lesquelles il n'existe pas de pratiques préventives efficaces. L'impact sur ces maladies est donc presque entièrement dû à la vaccination.

Où en sommes-nous actuellement dans cette lutte contre les maladies infectieuses ? Quelles menaces nous guettent plus particulièrement ? « La variole a été éradiquée en 1980 : voilà une maladie qui a définitivement disparu grâce à la vaccination. La poliomyélite est en train d'être éradiquée, bien que des flambées récentes subsistent dans certaines régions du Pakistan et de l'Afghanistan où les équipes de vaccination de l'OMS ne sont pas en mesure de travailler. Le tétanos et la diphtérie ont été considérablement réduits dans le monde. La coqueluche est actuellement sous surveillance étroite. En fait, la vaccination du nouveau-né a permis de réduire l'incidence et la mortalité due à la coqueluche de plus de 90 %, mais les cas graves de coqueluche chez les nourrissons trop petits pour être vaccinés restent un problème. » La réelle menace qui pèse actuellement dans la lutte contre les maladies infectieuses n'est pas représentée par un supervirus ou une bactérie surpuissante. Elle repose plutôt sur la crainte non motivée des vaccins. L'OMS a récemment publié un document énumérant les hésitations en matière de vaccination parmi les dix plus importants dangers pour la santé dans le monde. « L'abandon des pratiques de vaccination aujourd'hui serait un désastre mondial. » Ce sont des mots forts, mais Pier Luigi insiste sur le fait que, une fois la couverture vaccinale réduite, le retour des épidémies est rapide et peut même se faire dans des régions où la maladie avait disparu. Un exemple frappant est celui des épidémies de rougeole qui sont enregistrées de manière cyclique dans de nombreux pays européens. Et la rougeole n'est pas la seule source d'inquiétude. Des maladies qui ont disparu en Europe telles que la diphtérie pourraient resurgir, comme en témoignent les épidémies récentes en Ukraine et au Venezuela, où il n'a fallu que quelques années d'interruption du programme de vaccination pour observer des résurgences.

La vaccination est un acte de protection individuelle, mais aussi de protection de la communauté. Des maladies peuvent être définitivement éliminées – comme ce fut le cas avec la variole – si l'on arrive à interrompre les chaînes de transmission. Dans le cas de virus particulièrement contagieux comme celui de la rougeole, il suffit qu'une toute petite partie de la population reste sans couverture pour que la maladie représente encore une menace. Si les personnes non vaccinées sont connectées entre elles – un groupe de migrants, par exemple, ou un groupe antivaccin –, l'arrivée du virus est susceptible de déclencher une épidémie. Par conséquent, il ne suffit pas d'atteindre une couverture vaccinale élevée, il faut également veiller à ce que la minorité de non-vaccinés ne se concentre pas dans des poches de population particulière.

Face à des enjeux si importants, il devient nécessaire de comprendre non seulement les effets, mais aussi les causes de la méfiance. Le contenu de ce chapitre est centré sur la question vaccinale, et celle-ci a certainement ses spécificités. Notre objectif est cependant d'aborder la méfiance envers la connaissance scientifique de manière plus générale.

Dans la partie « Aux origines de la méfiance », nous voudrions mieux comprendre les raisons de la méfiance envers certaines idées scientifiques. L'ignorance des procédés de la science joue certainement un rôle, car accorder notre confiance raisonnée à la science n'est pas possible sans une connaissance de celle-ci et de ses enjeux. Cependant, réduire la question des « résistances » à une question d'ignorance serait simpliste. De fait, la méfiance envers la science n'est pas généralisée : bien au contraire, des enquêtes permettent d'affirmer que le grand public se montre majoritairement confiant envers la science, avec cependant des pics de méfiance autour de questions socialement vives comme la vaccination ou les organismes génétiquement modifiés[18]. Nous allons donc identifier des facteurs à même de désorienter nos systèmes naturels de vigilance et de nous rendre méfiants à tort.

L'objectif de « Quatrième voyage au cœur de la science : dans le sillage de Pasteur » sera de nous permettre d'identifier des stratégies pour améliorer nos systèmes d'évaluation des informations. Mieux comprendre les rouages de la science et les acteurs avec lesquels elle collabore est une étape indispensable à franchir pour outiller notre esprit critique.

1

Aux origines de la méfiance

La résistance à la vaccination est une histoire ancienne, aussi ancienne que les vaccins eux-mêmes[1]. Elle se présente aujourd'hui avec des formes inattendues.

Traditionnellement, on considère la difficulté d'accès aux vaccins, l'économie du pays et son niveau d'instruction comme étant les obstacles principaux qui permettent d'expliquer le fait qu'une campagne vaccinale n'arrive pas à atteindre les objectifs fixés. Or la vaccination est encore très élevée dans certains pays comme le Bangladesh, l'Équateur ou l'Iran[2]. Elle s'effondre, par contre, dans des pays qui ne sont pas confrontés à des difficultés d'ordre socio-économique. Parmi les 67 pays ayant participé à une étude qui s'est déroulée en 2015, la France s'est révélée le pays où la confiance envers les vaccins atteint le niveau le plus bas.

Dans tous les pays où l'on rencontre des résistances, celles-ci prennent, en outre, des formes différentes. Dans les pays « riches », on rencontre des résistances, notamment par rapport à des vaccins comme ceux de la rougeole, de l'hépatite B, du papillomavirus et de la coqueluche. On craint en particulier des effets secondaires d'ordre neurologique et le déclenchement de maladies auto-immunes, comme la sclérose en plaques[3]. Aux États-Unis, les préoccupations concernent plus spécialement la prétendue association entre vaccins et autisme et la présence de mercure dans la composition de certains vaccins[4]. Ailleurs, la résistance envers les vaccins s'associe parfois avec l'appartenance religieuse, ou avec la méfiance envers les pays « occidentaux ». Ainsi au Nigeria, le programme de l'OMS d'éradication du virus de la poliomyélite a été rendu inefficace par la campagne menée par un groupe d'imams de la province du Kano : ceux-ci ont fait circuler l'idée selon laquelle ce programme servait à diffuser le VIH et à réduire la fertilité des femmes dans le monde musulman[5]. Cette opposition a même donné lieu à des comportements extrêmes. En 2013, 9 femmes vaccinatrices ont été tuées à cause de leur activité dans le nord du Nigeria[6] ; et le même sort a touché plusieurs dizaines de vaccinateurs au Pakistan, où le vaccin antipolio est associé à la CIA[7].

Les raisons de la méfiance

Si l'affaire Wakefield a joué un rôle majeur dans l'hésitation vaccinale contre la rougeole, elle ne peut être tenue responsable d'une méfiance aussi généralisée et protéiforme. Au-delà de l'impact de nos difficultés à comprendre la science et son fonctionnement, il existe des causes plus ancrées encore dans nos modalités de raisonnement. Pourrait-on identifier, à la manière des épidémiologistes, des « lois » permettant d'expliquer l'hésitation vaccinale – non pas la méfiance circonstanciée, mais celle généralisée envers *les* vaccins ?

Nous avons rencontré le docteur Paul Brigot, médecin généraliste, dans son bureau au centre de Paris pour nous parler des inquiétudes qu'il rencontre dans son cabinet et de la manière dont il cherche à informer ses patients. « Les patients posent des questions concernant l'utilité ou les risques des vaccins. Ils n'ont pas de détails précis mais ils se souviennent d'affaires comme celles liées à l'hépatite B, ou à la grippe, et cela parfois suffit à nourrir leurs inquiétudes. »

Les erreurs de communication de la part des autorités ont un rôle négatif indéniable sur la confiance que peut avoir le public envers une pratique. Elles font rapidement surgir le doute que la source de nos informations a quelque chose à nous cacher. La peur du virus contre l'hépatite B s'est installée ainsi en France dans les années 1990. À cette époque qu'une campagne de vaccination massive est mise en place dans les collèges. Peu de temps après, on constate une augmentation des cas de sclérose en plaques. Un lien causal est vite tracé. L'État français suspend le programme dans les collèges, tout en maintenant celui des nourrissons. Le public interprétera ce geste comme la reconnaissance de l'existence d'un risque. Retirer un vaccin envoie un message aux citoyens, même si ce n'est pas celui entendu. Et cela suscite un questionnement. La méfiance s'installe alors : envers les autorités, envers les fabricants de vaccins, envers les scientifiques, et puis finalement envers les vaccins eux-mêmes.

Pour ajouter à la confusion, le monde médical et le monde judiciaire évaluent de manière bien différente la légitimité d'un vaccin. En 2017, par exemple, la Cour de justice de l'Union européenne condamne Sanofi-Pasteur, le fabricant du vaccin VHB contre l'hépatite B, à dédommager monsieur W., qui a développé les premiers symptômes de sclérose deux mois après avoir reçu son vaccin. La Cour a décidé qu'elle disposait de suffisamment d'indices pour établir un lien de causalité ; elle reconnaissait pourtant qu'aucun consensus scientifique n'avait été établi dans ce sens. Plusieurs études scientifiques ont, en effet, permis d'affirmer que la corrélation entre vaccination et sclérose en plaques n'est pas suffisante pour permettre de suspecter un lien causal[8]. Expliquons ce point : de très grandes observations – 1 milliard de doses du vaccin ont été distribuées dans le monde depuis 1989 – peuvent faire naître des corrélations liées au hasard – rappelez-vous le chapitre II et la quête des particules au CERN. Au vu des enjeux, de telles corrélations sont très surveillées, mais sans confirmation supplémentaire, les scientifiques vont considérer qu'il ne s'agit de rien d'autre que d'un malencontreux hasard.

Le médecin dans son cabinet joue le rôle d'interface entre le monde de la science et le reste de la société. Le docteur Brigot résume en ces mots toute la difficulté de sa tâche : « Idéalement, nous cherchons à nous éloigner des aspects polémiques du débat pour le ramener sur des bases plus factuelles. Le but est de présenter de manière pédagogique les avantages de la vaccination, et les risques bien plus faibles. Car c'est uniquement cette connaissance qui devrait guider la prise de décision. » En présentant ce calcul, le médecin se heurte cependant à des difficultés d'ordre cognitif.

La difficile évaluation des coûts et des bénefices

Lorsque nous cherchons à raisonner sur les risques d'une pratique, deux erreurs nous guettent : celle de surestimer les coûts et celle de sous-estimer les bénéfices. Pourquoi commettons-nous de telles erreurs ?

Un premier facteur à considérer est celui de la visibilité de la menace, c'est-à-dire à quel point elle est manifeste à nos yeux[9]. De fait, dans les pays occidentaux, la rougeole est considérée de nos jours comme anodine. C'est pourtant l'une des causes principales de mort chez les jeunes enfants, plus particulièrement les enfants de moins de 5 ans. Le vaccin existe depuis 1963. Avant cette date, environ 2,6 millions de personnes mouraient tous les ans à cause du virus, qui se présentait avec des épidémies majeures tous les deux ou trois ans. On calcule que le nombre d'enfants qui, sans vaccination, auraient pu mourir de rougeole dans ce laps de temps est de 20,4 millions[10]. Les dangers principaux du virus viennent notamment de ses complications. Le virus ouvre la brèche à d'autres infections – encéphalite, infections des voies respiratoires, infections du tractus intestinal –, car il entraîne pendant la phase d'infection une immunodépression supérieure à celle induite par le VIH. Certes, les complications sont plus fréquentes et graves chez des populations à risque, à cause de la malnutrition ou d'insuffisances au niveau du système immunitaire. Ainsi, 95 % de la mortalité due à la rougeole intéresse les pays les plus pauvres et les régions où les infrastructures sanitaires sont insuffisantes[11]. Ces morts étant loin de nos yeux, les symptômes de la rougeole nous sont devenus invisibles.

Dans nos sociétés où l'on a pratiquement vaincu les maladies infectieuses les plus dangereuses pour l'humanité, la plupart des symptômes que l'on observe sont en fait ceux en lien avec les effets secondaires mineurs de la vaccination. Ainsi, quand nous pensons aux vaccins, les premières images qui naissent dans notre esprit sont plutôt celle de l'aiguille, les pleurs de douleur et de peur de l'enfant, avec une réaction locale de rougeur, parfois douloureuse et suivie de fièvre. Tout cela est bien perceptible et donc disponible pour notre cerveau au moment de nous construire des idées et de nous forger des opinions[12]. Il est également facile de se focaliser sur chaque événement malheureux qui surviendrait peu après la vaccination – nous avons mentionné plus haut les troubles autistiques, mais ce pourrait être les symptômes de la sclérose en plaques ou ceux de toute autre maladie grave qui se déclarerait après la vaccination – et d'en déduire une relation de cause à effet. Si nous avons en mémoire une anecdote relative à un danger – comme un vague souvenir d'une affaire associant vaccination et autisme –, alors nous percevrons ce risque comme plus élevé[13].

Nous raisonnons donc sur les vaccins et les maladies qu'ils sont censés prévenir à partir d'un déséquilibre : celui entre le visible et l'invisible : visibilité des effets secondaires mineurs ; invisibilité de la menace réelle. Le succès médical des vaccins, qui a rendu la menace invisible, pourrait donc représenter l'une des causes de l'hésitation vaccinale.

Certes, nous ne devons pas nier le fait que dans toute intervention médicale, dans toute pratique plus généralement, un risque existe. C'est ce même risque que nous acceptons lorsque nous prenons la voiture, ou quand nous avalons un médicament aussi banal qu'une pastille contre les maux de gorge, malgré la liste des effets secondaires mentionnés sur la notice. De tels effets existent, bien entendu, aussi pour les vaccins. Prenons l'exemple du vaccin contre la fièvre jaune[14]. Dans 1 cas sur 10 000, des manifestations allergiques peuvent survenir notamment en raison d'une allergie aux protéines de l'œuf qui sont utilisées pour la production du vaccin. Dans 1 cas sur 250 000 peut même survenir une réaction généralisée ressemblant à la fièvre jaune et d'évolution parfois mortelle. De telles statistiques ont pu être obtenues, car le vaccin existe depuis 1930 et que plus de 500 millions de doses ont déjà été distribuées. Malgré ces risques, le vaccin continue à être distribué pour la simple raison qu'il est bien plus probable de déclencher la fièvre jaune lors d'un voyage dans un pays touché par cette maladie que de souffrir des effets secondaires de l'injection.

Le calcul des coûts et des bénéfices impliqués dans un tel choix constitue une tâche complexe. Pour l'effectuer, les autorités de santé publique doivent prendre en considération un grand nombre d'aspects. Il s'agit notamment d'estimer la probabilité que la maladie se diffuse, d'identifier les personnes potentiellement les plus touchées et les conséquences pour la santé de ces dernières. Il faut aussi estimer la probabilité de déclencher des effets secondaires et leur gravité. Si la balance penche en faveur des bénéfices, la décision légitime sera d'encourager la vaccination. Le calcul pourra changer en raison des populations – jeunes et moins jeunes par exemple – ou du pays. Il évoluera également sous l'effet de la vaccination elle-même.

Spontanément, chacun d'entre nous cherche à estimer les coûts et les bénéfices d'une décision donnée. Mais nous effectuons cette tâche en nous appuyant sur des calculs silencieux, sur des indices visibles ou des faits marquants qui restent imprimés dans notre mémoire. Face à des situations aussi complexes que l'évaluation de l'innocuité d'un vaccin, nos stratégies naturelles atteignent leurs limites.

Les émotions qui biaisent nos décisions

Angela a 6 ans. Depuis 2015, elle est atteinte d'une forme d'anémie qui a requis une greffe de la moelle et une chimiothérapie. Après avoir passé près d'un an à l'hôpital, puis une année supplémentaire à la maison par précaution, Angela est prête à rentrer à l'école. *A priori*, la loi italienne dite « loi Lorenzin » lui garantit un environnement sûr : tous ses copains sont supposés être vaccinés pour aller à l'école et ainsi Angela ne devrait pas courir le risque d'être mise en contact avec les virus de la rougeole ou de la rubéole contre lesquels elle ne peut pas se protéger. Mais Federica, la mère d'Angela, craint que la loi ne soit pas appliquée avec la rigueur nécessaire. À la rentrée scolaire 2018, elle en appelle alors aux parents « no-vax » italiens en leur demandant de se mettre dans la peau d'une famille qui vit un calvaire comme le leur. À première vue, Federica a joué une bonne carte. Des études suggèrent en effet qu'avoir recours à des exemples concrets capables de susciter l'empathie augmente la disponibilité à se faire vacciner[15]. Les autorités sanitaires jouent d'ailleurs cette même carte en nous demandant de nous vacciner pour protéger les plus faibles et en nous expliquent que la vaccination ne représente pas uniquement un enjeu individuel, que c'est aussi une politique de société pensée pour le bien de la communauté. En se vaccinant contre la diphtérie, le tétanos, la poliomyélite, nous nous protégeons d'abord nous-mêmes, certes. Mais on vaccine contre la rubéole pour protéger des fœtus – pour être plus juste, pour protéger *son* fœtus. Et la vaccination contre la rougeole protège plus particulièrement les personnes plus faibles qui, comme Angela, ne peuvent pas se vacciner, en rendant la diffusion de la maladie plus difficile, et en créant des barrières autour des sujets fragiles – les autorités de santé emploient les termes techniques de « protection de groupe ». Le psychologue cognitif Paul Bloom nous alerte cependant sur le fait que l'empathie n'est pas une forme d'altruisme désintéressée : nous sommes naturellement plus enclins portés à éprouver de l'empathie à nos proches, ou aux personnes appartenant à notre groupe[16]. Federica qui demande de l'empathie pour sa fille Angela se heurtera donc au fait que l'empathie que les autres parents expriment est d'abord et avant tout destinée à leurs propres enfants[17]. Se fier aux émotions et aux émotions seulement peut donc aboutir à un conflit d'intérêts dans lequel la balance penche naturellement du côté de ce qui nous est le plus proche, possiblement au détriment de ceux qui en ont le plus besoin.

L'empathie est aussi réfractaire à la réalité des nombres. Nous sommes plus enclins à nous montrer empathiques lorsque nous nous sommes confrontés aux histoires d'individus bien réels, que lorsque nous sommes confrontés à des statistiques concernant pourtant des milliers d'enfants dans le monde[18].

Si l'empathie peut influencer nos décisions de manière biaisée, que dire d'autres émotions, et notamment des émotions négatives ? Le vaccin présente, de façon exemplaire, des caractéristiques susceptibles de déclencher des réactions émotionnelles comme le dégoût, évoqué par l'idée de microbe et de contamination, et la peur, notamment la peur des effets secondaires[19]. Un groupe de chercheurs en immunologie, dont Pier Luigi Lopalco, en collaboration avec des chercheurs en sciences sociales, a passé au crible les vidéos publiées en ligne sur le YouTube Italie entre 2007 et 2017 sur un seul thème : les vaccins et l'autisme[20]. Résultat : la plupart des vidéos publiées – 392 sur 560 – parlent des vaccins avec une tonalité négative. Cette prolifération de vidéos s'est produite notamment entre 2014 et 2017, période pendant laquelle l'Italie a vu augmenter l'hésitation et diminuer le pourcentage d'enfants vaccinés par rapport à la période précédente. Même si l'on ne peut pas affirmer un lien causal, cette enquête montre que la disponibilité d'une information sur Internet peut être biaisée en fonction de l'émotion qu'elle véhicule. D'autres études, conduites sur une variété de croyances diffusées, légendes urbaines et *fake news*, confirment que les informations qui évoquent des émotions négatives comme la peur (des informations qui font référence à une menace) sont plus largement partagées dans les réseaux sociaux, et au-delà[21]. Ainsi les émotions déforment notre perception.

Les enjeux de l'appartenance au groupe

Certains contenus scientifiques, par exemple sur l'innocuité des vaccins, nous mettent dans la position de choisir un « camp ». C'est pour cette raison qu'ils sont considérés comme « polarisants[22] ». Les contenus scientifiques polarisants ont des particularités. Ainsi, quand on aborde des thèmes comme les OGM, le changement climatique ou les vaccins, le fait de fournir plus d'informations de nature scientifique n'a pas nécessairement pour effet de faciliter les changements de position. Au contraire, si ces informations s'opposent à nos convictions, elles peuvent même avoir pour effet de les *conforter*[23]. On parle d'« effet rebond » lorsque l'effort consenti pour déconstruire un mythe scientifique ne fait en réalité que renforcer les positions initiales[24].

De plus, l'opinion qu'un individu se forge sur un sujet polarisant est fortement influencée par son désir d'appartenance à un certain groupe culturel avec lequel il partage des idées politiques ou sociales. On remarque ainsi que l'hésitation vaccinale peut être associée à une attitude conspirationniste ou à une vision ultralibérale selon laquelle l'État n'a pas le droit de décider à la place des parents[25]. Des chercheurs du Cultural Cognition project à la Yale Law School ont, par exemple, étudié la perception du risque relatif à la vaccination contre le papillomavirus et mis en évidence que celle-ci est plus importante chez les participants ayant une vision politique libérale plutôt que communautaire[26]. Cette différence de perception entre les participants augmente fortement si on confronte les participants à des informations sur les risques associés au vaccin. Ce type d'information accentue donc la divergence de position entre les deux groupes et polarise les opinions de chaque camp.

Quand on considère les dynamiques qui s'instaurent au sein d'un groupe, on peut enfin citer la notion de « cascade de disponibilité[27] ». Les personnes avec lesquelles nous sommes en contact écoutent nos idées, puis, plus tard, peuvent nous en reparler. Dans un cercle social, le nombre de personnes qui partagent la même idée peut ainsi augmenter et cela s'accompagne d'une radicalisation de la position. Ce phénomène a été attribué à deux mécanismes conjoints. Le premier, purement cognitif, consiste à rendre de plus en plus disponible une même idée à force de la répéter et de la réentendre ; il s'agit donc d'une cascade informationnelle. Le second repose sur notre motivation à maintenir nos liens et notre réputation au sein du groupe ; il s'agit ici d'une cascade réputationnelle. Cette deuxième cascade serait plus importante lorsque le groupe est fermé et homogène ou lorsque l'importance d'appartenir au groupe, de ne pas être isolé, devient plus forte. De tels mécanismes pourraient être à l'œuvre dans le cas spécifique des mouvements antivaccin et, plus généralement, dans les cas de méfiances suscitées par certaines idées scientifiques polarisantes. Prendre en compte les mécanismes sociaux et culturels serait donc aussi important que considérer les effets de nos biais cognitifs individuels pour s'expliquer certaines formes de résistance envers la science.

Une marche plus haute à franchir

De nombreux mécanismes – cognitifs, culturels, sociaux – participent ainsi à faire naître en nous des résistances, et affectent notre capacité à *doser* notre méfiance. Est-ce à dire que tout le problème de l'hésitation vaccinale s'explique par une méfiance excessive et injustifiée envers les vaccins ? Tout au long de ce livre, nous avons utilisé le mot « science » pour nous référer à ses méthodes, à ses stratégies et à ses outils. Nous avons volontairement laissé de côté les intérêts économiques et les motivations sociales des organismes dans lesquels les chercheurs évoluent au quotidien et sans lesquels ils ne peuvent pas exister. Or la méfiance envers la science, comme dans le cas des vaccins, trouve aussi ses racines dans les comportements suspicieux de certains acteurs, dans des erreurs de communication et dans des manquements éthiques.

La course à la publication et ses dangers

Le monde de la science fait l'objet d'une course vertigineuse à la publication : chaque année, un million d'articles environ paraissent dans des journaux spécialisés où les scientifiques soumettent leurs résultats à leurs pairs et au reste de la société. Parallèlement, une forte concurrence s'est établie entre les scientifiques et les laboratoires pour obtenir des financements. Cette concurrence crée une pression sur les scientifiques qui les pousse à publier sans cesse, au risque de mettre en danger la qualité des études[28]. Une proportion significative de résultats n'est ainsi pas confirmée par des études ultérieures[29]. La publication sélective est une autre menace encore plus inquiétante, qui consiste à ne pas publier les études qui ont donné un résultat non conforme aux attendus[30] – la présence de biais de publication en médecine est d'ailleurs particulièrement grave d'un point de vue de l'impact potentiel sur la santé publique.

Conscients des enjeux, les chercheurs eux-mêmes montent au créneau pour dénoncer ces risques. Une mobilisation de la communauté scientifique s'organise, animée d'une volonté d'amélioration du système ; de nombreuses pistes d'outils correctifs sont d'ores et déjà proposées[31]. Il s'agit notamment de trouver les conditions qui permettent d'instaurer le maximum de transparence possible en matière de publication[32]. Par exemple, il est envisagé de mettre systématiquement à disposition de la communauté scientifique, *via* des sites et journaux en ligne, toutes les données brutes obtenues, pour que d'autres puissent refaire des analyses et vérifier les résultats analysés et les interprétations qui en sont faites – ce qui rend également la fraude plus difficile, car il faut fabriquer des données brutes « crédibles ». Une autre piste consiste à favoriser la préspécification des intentions, des tests et des analyses statistiques que l'on entend mener dans le cadre de l'expérience. De cette manière on ne peut pas, une fois les données arrivées, changer d'objectif et prétendre que l'on cherchait autre chose, juste parce que ce que l'on n'a pas eu de résultat significatif sur l'hypothèse que l'on voulait réellement tester. Il s'agit également d'encourager la réplication des études existantes par des moyens institutionnels.

Les recherches sur les vaccins souffrent moins de ce type de problème pour la simple raison que, comme nous le verrons bientôt, les études se déroulent par des phases successives qui incluent un nombre de plus en plus important de sujets – jusqu'à des milliers – et peuvent compter sur les données d'efficacité et de dangerosité concernant des millions, voire des milliards d'individus vaccinés. Cependant les vaccins sont regardés avec beaucoup de suspicion par le grand public à cause d'un autre biais qui peut potentiellement influencer les résultats de la recherche : le jeu d'intérêts croisés qui mêle recherche académique, santé publique et industrie.

La peur des industriels et de leurs intérêts privés

Comme tout objet de recherche, le vaccin est le résultat d'un effort de conception, de test et de validation, mais il s'inscrit aussi dans une problématique de fabrication et de distribution, propre au monde industriel. Or l'industrie suit, inévitablement, une logique de marché : elle emploie des salariés, rend des comptes à des actionnaires. Les vaccins ne sont donc pas uniquement perçus comme des inventions susceptibles de sauver des millions de vies ; ils sont aussi vus comme des produits permettant de faire gagner de l'argent. Les bénéficiaires sont nombreux : des industriels mais aussi des organismes publics comme les États ou les systèmes de sécurité sociale – grâce à la prévention des coûts provoqués, d'une part, par les soins et, d'autre part, par les arrêts de travail qui résultent de maladies invalidantes. Les soins sont perçus comme des services, et réaliser qu'à une autre échelle ils suivent les normes du marché, induisant des coûts et bénéfices quantifiables en dollars nous met mal à l'aise. Puisque l'argent entre en ligne de mire, nous nous mettons à supposer que les intérêts des industries pourraient entrer en concurrence avec ceux de notre bien-être et de notre santé. Ce risque est bien réel, notamment s'il conduit à amplifier les biais de publications ou à freiner la recherche dans la mise au point d'inventions potentiellement précieuses, mais non rentables[33]. Notre système naturel de détection des informations fiables « sait » qu'on ment d'autant plus facilement qu'on a un intérêt à le faire…

***

Ainsi, le cas des vaccins représente une marche de plus à franchir dans notre quête de confiance raisonnable et raisonnée. Ce n'est pas un hasard si nous l'avons laissé pour ce dernier chapitre, comme une sorte de défi ultime préparé par les chapitres précédents.

Nous avons voulu discuter une toute dernière fois avec l'un des protagonistes de la recherche scientifique pour regarder de près comment cette recherche se déroule, qui la mène, avec quels objectifs et en rencontrant quels obstacles et quelles difficultés. Cette fois cependant, nous aborderons cette enquête sous le prisme de nos doutes et de ce qui rend difficile la capacité à ajuster sa confiance et sa méfiance de manière pertinente. Paris nous imposait presque le choix du laboratoire où se terminerait notre périple : nous allions nous rendre à l'Institut Pasteur.

2

Quatrième voyage au cœur de la science : dans le sillage de Pasteur

L'Institut Pasteur est situé au cœur de Paris. L'entrée se fait par la rue du Docteur-Roux, qui fut l'un des collaborateurs de Pasteur, celui avec lequel il ouvrit l'Institut en 1888. Depuis, l'Institut Pasteur a collecté 10 prix Nobel, multiplié ses antennes avec 33 instituts implantés partout dans le monde et il est devenu un acteur incontournable à la fois dans la recherche fondamentale – en immunologie, en cancérologie –, mais aussi dans la recherche appliquée – production de vaccins et d'autres médicaments. Un badge est nécessaire pour passer le contrôle à l'entrée, et puisqu'il s'agit de notre première visite nous sommes accompagnés par l'assistante de notre rendez-vous. Nous traversons la cour qui mène au département de virologie et nous montons au deuxième étage d'un bâtiment moderne où se trouve l'unité de génomique virale et vaccinologie. Son directeur, le docteur Frédéric Tangy, nous attend dans son bureau devant son ordinateur. En nous y rendant, nous entrevoyons ses collaborateurs et une partie du laboratoire, au-delà d'une porte vitrée. Un cahier de laboratoire est posé juste à côté de la porte. Sur la même table, un gâteau au chocolat duquel l'équipe s'est déjà largement servie. Drôle de constat… C'est la première fois depuis le laboratoire de génétique Antagene que nous rencontrons des scientifiques en blouse blanche, devant des éprouvettes, des tubes, des balances, des agitateurs, des congélateurs, des réfrigérateurs, des centrifugeuses, des microscopes. Au cours de notre périple, nous avons pu constater à quel point la panoplie du scientifique allait bien au-delà de ces outils que l'on associe communément aux chercheurs. Autre entorse à l'imaginaire commun : les scientifiques que nous observons évoluer dans l'open space du laboratoire sont pour la plupart des femmes, et jeunes en plus.

L'équipe de Frédéric Tangy, une vingtaine de personnes sans compter les étudiants en stage, est connue notamment pour ses recherches sur différents nouveaux vaccins contre des maladies infectieuses dites émergentes : le sida, le chikungunya, la dengue, le SRAS, le MERS, mais aussi la grippe. Et cela à partir d'une seule et unique base commune : la « plateforme rougeole[1] ».

Avant de l'interroger sur ses recherches, nous échangeons avec Frédéric sur sa perception des craintes du public envers les vaccins. Il a connu, nous dit-il, l'âge d'or de la vaccination, quand vacciner était un signe de progrès : « À l'époque où le monde cherchait à éradiquer la variole, j'étais jeune chercheur. J'assistais à cette épopée lancée par le CDC [le Center for Disease Control] américain, mais qui était rendue possible par les doses de vaccins fournis gratuitement par l'ex-URSS. C'était une période excitante et très anti-individualiste : on se sentait faire partie de quelque chose, on vivait dans un élan collectif, celui d'éradiquer des maladies. » Il connaît maintenant une époque où des élèves en biologie le questionnent sur la légitimité des vaccins. Les vaccins sont des produits industriels, lui a ainsi objecté un étudiant à la fin d'un cours, comment peut-on se fier à l'industrie ? « J'ai répondu promptement : on se fie à l'industrie qui fabrique nos chaussures, construit nos voitures et les avions dans lesquels nous voyageons... On a tout le temps affaire à l'industrie parce que, sans elle, ces produits n'existeraient pas. Les vaccins non plus. Il est impossible de faire sans les sociétés pharmaceutiques. » Mais se focaliser sur l'argument selon lequel « on ne peut pas faire autrement », c'est oublier, au fond, ce que représentent les vaccins. Pier Luigi nous rappelait à quel point le monde dans lequel nous vivons est incomparable du point de vue de la santé et de l'espérance de vie à celui d'il y a cent ou même quarante ans. Cette amnésie heurte ceux qui ont conscience de ce qu'était le monde avant les vaccins.

Frédéric est pourtant prêt à comprendre les craintes de son étudiant. Il a en tête certains scandales, passés et récents, qui nourrissent ce type d'inquiétude[2]. Dans les années 1950 a lieu le fameux « accident Cutter » : à cause d'un défaut dans la chaîne de production, 200 000 enfants américains sont alors inoculés avec un vaccin contre la poliomyélite qui se révèle être défectueux et qui aura pour effet la paralysie de 200 enfants et la mort de 10 autres[3]. L'accident aurait-il pu être évité ? Était-il le résultat de l'inexpérience des Laboratoires Cutter ? Difficile de se prononcer, mais cet accident a certainement représenté un tournant dans le nombre de contrôles et de normes de sécurité auxquelles sont soumis les producteurs de vaccin. De fait, Frédéric peut répondre à l'étudiant inquiet que l'industrie de production des vaccins est celle, parmi les producteurs de médicaments, qui peut se vanter d'avoir les contrôles qualités les plus stricts : la prudence est une condition nécessaire pour un produit qui s'inocule aussi largement, souvent à des enfants et de manière préventive. Le vaccin contre la rougeole représente un cas exemplaire. Après quarante ans d'utilisation, 2 à 3 milliards d'enfants l'ont reçu. À ce jour, il n'y a pas d'effets secondaires importants enregistrés, hormis quelques cas rares et bénins d'une forme atténuée de rougeole : une dizaine de boutons à comparer aux 100 000 d'une infection avérée ; une fièvre qui peut monter à 37,8 °C mais jamais à 41 °C. Et une protection à 95-97 %, ce qui veut dire que moins de 5 % des personnes vaccinées ne sont pas immunisées. Nous sommes en présence d'un produit aussi sûr que l'on puisse espérer, et efficace. Au point que l'équipe dirigée par Frédéric l'utilise comme plateforme pour de nouveaux vaccins, dans sa lutte contre des virus mortels.

La peur n'est pas bonne conseillère

Virus HIV, SRAS, MERS, fièvre du Nil, virus Lassa, Ebola, Zika, du chikungunya… : les « virus émergents » sont tous mortels. Le chikungunya, par exemple, fait le tour du monde et chaque année il revient. Il a été calculé que le coût indirect de ces zoonoses (maladies transmissibles des animaux aux hommes) a dépassé 220 milliards de dollars au cours de la dernière décennie. Plus que les guerres et les catastrophes naturelles. Pour répondre à ce défi, l'équipe de Frédéric travaille sur un concept novateur : celui d'une plateforme unique à partir de laquelle il serait possible de produire plusieurs vaccins différents, mais unifiés par une même stratégie de production. La valeur ajoutée d'une telle plateforme unique serait de pouvoir s'appuyer sur la procédure développée pour un premier vaccin pour produire ensuite, à moindre coût, d'autres vaccins. Un gain en termes de temps bien sûr, mais aussi d'efficacité et de sécurité.

Des choix raisonnés

Rappelons un instant le principe de la vaccination : le vaccin est un produit biologique qui exploite le fonctionnement de notre propre système immunitaire pour créer une protection de longue durée contre des maladies qui se transmettent d'un hôte à un autre. Le but de la vaccination est de simuler les effets d'une infection réelle afin d'activer le système immunitaire qui, à partir de ce moment, sera prêt à neutraliser plus rapidement le micro-organisme en cas d'infection naturelle. Lorsqu'un virus comme celui de la rougeole pénètre dans notre organisme, une réponse immunitaire se met en place. Une partie des effets de cette réponse peut mettre plusieurs jours à s'installer et nous tombons malades. Ce temps est nécessaire pour que des cellules immunitaires spécifiques de ce virus se multiplient. La plupart de ces cellules ont pour fonction d'agir contre le virus et de participer à réduire la charge virale dans notre organisme. Une petite partie de ces cellules ne joue cependant pas ce rôle, du fait d'une caractéristique particulière : une durée de vie plus longue. Ce sont des cellules mémoire. Lorsque le même virus pénètre dans l'organisme une nouvelle fois, ce pool de cellules spécifiques permet de mettre en place une réponse immunitaire dite secondaire qui agit plus vite et plus fort. La maladie ne s'installe pas – dans le meilleur des cas – et le virus est éliminé de l'organisme. C'est cette mémoire immunitaire qui nous empêche généralement de contracter à l'âge adulte certaines maladies infectieuses que nous avons déjà eues enfants.

Ce même processus a été réexploité par les microbiologistes pour créer une immunité « artificielle ». Il s'agit de présenter au système immunitaire des versions atténuées – vivantes mais incapables de déclencher une infection – ou inactivées du micro-organisme à l'origine de l'infection. Ces composants contiennent encore les éléments, nommés antigènes, à même d'induire une réaction immunitaire qui aboutira à la production de cellules mémoires… mais ils ne déclencheront pas la maladie elle-même[4]. Élégant.

Quel est donc ce concept novateur de plateforme unique ? Ce n'est ni plus ni moins qu'un véhicule qui enferme l'information génétique d'un autre micro-organisme – celui qu'on souhaite combattre – et qui est capable de se reproduire dans l'hôte, non seulement au niveau de la zone où le vaccin est injecté, mais dans tous les organes lymphoïdes, là où les cellules immunitaires se trouvent en grande quantité. C'est ainsi que l'on induira la production de cellules mémoires prêtes à agir lors d'une réelle rencontre avec le micro-organisme pathogène. Comme la plateforme doit avoir une capacité de reproduction, elle doit être constituée à partir d'un vaccin à base de virus vivant atténué. Sur quel vaccin s'appuyer ?

Plusieurs raisons d'ordre scientifique et technique ont poussé Frédéric vers le choix du vaccin contre la rougeole. Premièrement, nous l'avons vu, il s'agit d'un vaccin extrêmement sûr et efficace. Deuxièmement comparé à d'autres candidats, il a des caractéristiques structurelles optimales, qui permettent de le manipuler génétiquement pour incorporer les antigènes d'autres micro-organismes. Enfin, il s'agit d'un vaccin que l'Institut connaît bien, avec lequel le personnel sait travailler, et que les industriels savent produire et distribuer en grandes quantités.

Des procédures maîtrisées

Voyons maintenant, dans les grandes lignes, la procédure qui permet de créer un nouveau vaccin à partir de la plateforme rougeole. Le vaccin de la rougeole est récupéré chez les industriels producteurs. C'est un vaccin contenant une souche de virus atténué. Le virus est purifié du milieu dans lequel il baigne, il est concentré pour extraire son matériel génétique. Dans le cas de la rougeole, le matériel génétique est constitué d'acide ribonucléique – ARN – négatif, ce qui implique une transformation – la transcription – pour reformer une molécule d'ADN complémentaire, qui pourra être manipulée par les chercheurs. La molécule d'ADN est maintenant prête à être transférée dans une molécule d'ADN de bactérie qui se reproduit de manière autonome par rapport au reste du génome bactérien – plasmide. Cela permet d'obtenir un grand nombre de clones de la séquence génétique initiale d'origine virale.

L'assemblage de la plateforme est terminé. Reste à y insérer le matériel génétique du micro-organisme pathogène contre lequel on veut développer le nouveau vaccin – le virus Lassa, par exemple. C'est un défi qui relève du domaine de l'ingénierie génétique, des OGM en somme, mais viraux. Le virus Lassa, qui sévit en Afrique et en Amérique latine, fait partie de ce qu'on appelle les virus émergents mortels. Une épidémie entraîne 80 à 85 % de mortalité. Les virologues savent quels antigènes de Lassa vont induire une réponse immunitaire. Ils peuvent donc isoler les séquences génétiques virales responsables de leur production, les transformer en séquences d'ADN, puis les insérer à l'intérieur du génome de rougeole purifié, comme on ajouterait des mots ou des phrases au milieu d'un texte déjà écrit. Voilà, un mutant est né. Il sert de base à un vaccin à base de virus vivant de rougeole atténué, mais qui exprime – et si tout va bien, transporte et distribue – les antigènes nécessaires pour créer une immunité contre la fièvre de Lassa. Très élégant.

Il est facile de devenir admiratif ou terriblement inquiet en écoutant ce vocabulaire technique qui nous semble être aux frontières de la science-fiction. À la fin de l'interview, Frédéric nous offrira un tour guidé du laboratoire et nous verrons alors ces jeunes scientifiques avec leur cape verte et leur bonnet sur la tête – comme un petit nuage – dérouler ces opérations comme s'il s'agissait d'une simple recette de cuisine. Car ces procédures qui nous impressionnent tant représentent, pour la biologie moderne, une routine maîtrisée, certifiée, et donnant toutes les garanties que l'on peut espérer. Nos peurs ne sont pas toujours bien calibrées.

Des phases de contrôle incrémentales

Avant de pouvoir être produit et commercialisé, un vaccin traverse des phases. Il est important de les comprendre, car elles illustrent bien comment la recherche met en place des règles et des procédures qui représentent des garde-fous contre les erreurs. Nous avons donc demandé à Frédéric de nous les détailler en relation avec la production de vaccins en cours dans son laboratoire. « Pour le chikungunya, on a fini la phase 2 et on démarre la phase 3 cette année. Il pourrait être mis sur le marché dans moins de deux ans. Ce serait le premier vaccin contre cette maladie et on aurait mis moins de dix ans à le développer, ce qui est très rapide ! » À titre de comparaison, le vaccin contre la dengue a mis cinquante ou soixante ans pour être conçu.

La phase préclinique comprend tout ce qui précède le test chez l'être humain, notamment le passage de la recherche fondamentale aux tests sur les animaux – d'abord souris, puis singes. Pourquoi cette phase est-elle si longue ? Les raisons sont multiples : il faut déjà avoir la « bonne » idée, ce qui relève souvent d'un coup de chance, d'une observation fortuite qui arrive au moment opportun. Le fait est que la recherche fondamentale est souvent imprévisible. Quand on démarre les tests sur les animaux par contre, le processus devient plus standardisé, et les difficultés sont plutôt d'ordre pratique et financier. Grâce aux tests sur les animaux, qui sont malheureusement encore nécessaires, on peut voir si le vaccin fonctionne correctement. Frédéric nous explique la procédure : « Nous avons besoin de deux échantillons, par exemple deux groupes de souris. Le premier groupe reçoit le vaccin, l'autre un placebo. Les deux groupes sont exposés dans les mêmes conditions au virus sauvage contre lequel on lutte. Dans le cas du chikungunya, les animaux dits "témoin", ceux qui n'ont pas reçu le vaccin, sont infectés et meurent statistiquement plus que les animaux vaccinés. » Un tel résultat fait l'objet de publications, et il est soumis au reste de la communauté du domaine. On ne peut passer à la phase suivante que si les tests sur les animaux se sont bien déroulés, ce qui veut dire que le vaccin s'est montré efficace, mais aussi qu'il n'a pas généré des effets imprévus ou causé des risques pour la santé des individus vaccinés.

La phase clinique démarre par des tests sur un petit nombre de volontaires, c'est la phase 1. Pour chikungunya, le test s'est fait sur plus de 40 personnes. Frédéric nous explique qu'un tel chiffre constitue déjà un grand nombre de candidats par rapport à d'autres essais de médicaments. Puis on élargit l'échantillon, toujours composé de volontaires. Le passage de la phase 1 à la phase 2 comporte des contraintes supplémentaires, notamment en termes de nombre de participants, et par conséquent en termes de financement. Un essai clinique a un coût d'environ 30 000 euros par sujet, pour le suivi médical des volontaires et pour la production du vaccin. Le coût de l'essai global peut atteindre plus de 1 million d'euros. Pour une phase 2, ce coût est multiplié au moins par 5. Quand le vaccin contre le chikungunya est passé en phase 2, il a été testé sur un total de 270 volontaires. Ces tests aussi ont eu des résultats positifs. Bien sûr, certains sujets réagissent de façon plus forte que d'autres et certains ne s'immunisent pas. Cette variabilité entre individus est inéluctable. Les scientifiques expriment l'efficacité du vaccin comme la proportion de sujets qui répond favorablement au vaccin. Il y a donc un besoin de tester sur de grandes populations pour estimer correctement cette proportion. Si le vaccin a fait ses preuves en phase 2, il peut maintenant passer à une production plus large pour être testé sur des milliers d'individus[5]. « Sauf qu'il faut pour cela trouver 25 millions d'euros, car on passe à plus de 3 000 sujets volontaires. Pour le vaccin contre Chikungunya, les 25 millions ont été pratiquement trouvés, et la phase 3 va pouvoir commencer. » Si les promesses sont tenues, un vaccin qui passe la phase 3 peut finalement être enregistré par les agences de santé qui certifient les produits, et rentrer vraiment dans les phases commerciales.

Il existe encore une phase 4 qui se poursuit après la mise en commerce du vaccin : on collecte des données concernant les symptômes les plus rares induits par le vaccin, des symptômes si rares qu'ils ne peuvent se manifester que si des millions de personnes utilisent le vaccin en question. Nous n'en sommes pas encore là pour les vaccins à l'étude au laboratoire de Frédéric.

Les quatre phases que constituent les tests imposés aux vaccins en développement ont pour but de collecter des données toujours plus nombreuses et précises afin de déterminer les effets du vaccin. Il est impossible de déclarer qu'un produit ne comporte aucun risque. Mais la procédure à l'œuvre dans ces laboratoires vise à quantifier de la manière la plus rigoureuse et objective possible les bénéfices et les coûts de chaque vaccin. Cette méthodologie imposée est la meilleure garantie que l'on puisse espérer pour prendre une décision concernant la mise sur le marché d'un produit.

Des intérêts parfois divergents

Avant le passage à la phase clinique, ce sont surtout les laboratoires académiques comme l'Institut Pasteur qui font avancer la recherche. Mais, dès la phase 1, les industriels sont impliqués et ce pour des raisons de sécurité.

Frédéric dément une idée reçue sur le rôle réel de l'Institut Pasteur : l'Institut ne produit pas de vaccins, mais fait uniquement de la recherche. Dès les phases cliniques des tests, les chercheurs ont besoin de coopérer avec les industriels qui sont les seuls à pouvoir garantir les conditions nécessaires à la production et à la commercialisation. Les vaccins doivent en effet avoir passé toute une série de contrôles et adhérer à des normes extrêmement strictes – qui remplissent des centaines de pages de spécifications – pour pouvoir envisager des tests sur l'être humain. Ce sont les agences de contrôle des médicaments qui donnent ces spécifications. Pour avoir le droit de produire un vaccin à distribuer, il faut que tout le personnel employé ait passé un diplôme spécifique, que les locaux soient certifiés. Du coup, la production d'un vaccin dépend de l'existence d'entités qui peuvent assurer toutes ces conditions, et ces entités sont aujourd'hui des industries privées, et non des laboratoires de recherche académique. Voilà pourquoi, si on souhaite obtenir un vaccin rougeole certifié conforme – le genre de vaccin qu'on injecte avec confiance dans un bras de bébé –, il faut s'en remettre au savoir-faire technique que seuls garantissent certains industriels. Pour développer la plateforme rougeole, l'équipe de Frédéric s'est donc accordée avec Sanofi, qui leur a fourni 1 litre de production brut de vaccin pour la recherche. Admettre que ce sont les industriels qui sont les seuls à même, par leurs moyens financiers et techniques, de certifier la sécurité d'un vaccin est un beau pied de nez pour notre système d'évaluation des informations qui bondit lorsqu'il entend mentionner le terme « industriels ».

Nous ne pouvons pas nier cependant qu'il est inquiétant que l'ensemble du processus de fabrication soit détenu par un groupe d'acteurs guidé par des priorités qui ne sont pas nécessairement celles des chercheurs, celles des organismes internationaux de santé publique, ou des citoyens. L'OMS a créé une liste des priorités en termes de développement de nouveaux vaccins, une sorte de « Wanted » du Far West des maladies infectieuses. Y figurent les virus de la fièvre hémorragique du Congo, Ebola et Marburg, Lassa… Or la recherche sur ces maladies a du mal à attirer l'intérêt des industriels, car les populations touchées sont pauvres et les États concernés ne peuvent pas acheter les doses de vaccin nécessaires. Pour ces maladies, contrairement à celles des pays qui attirent du tourisme, il n'y a tout simplement pas de marché. L'OMS pourrait bien s'occuper de la distribution, mais il n'est pas capable de financer la production. Comment faire alors ? Des fondations ont été créées pour financer ce genre de programme. Une de ces fondations est la coalition CEPI – Coalition for Epidemic Preparedness Initiative. Elle a pour but de financer le développement d'innovations qui permettront d'être prêts pour ces épidémies au moment où elles se déclareront. Elle collecte des financements par la Banque européenne d'investissement, la Banque mondiale, le Fonds souverain du

Canada ou de Norvège, le Wellcome Trust en Angleterre… Le but est de réunir 1 milliard de dollars chaque année pour financer de nouveaux projets. L'Institut Pasteur a trois projets qui sont financés *via* ce programme : Lassa, MERS et Zika. Avec des sommes importantes. Pour Lassa et MERS l'institut a reçu 30 millions de dollars pour aller jusqu'à la phase clinique 2 sur le terrain, car la coalition veut des produits qui marchent en Afrique et en Amérique latine, les zones qui sont touchées. Jusqu'à la phase 2 donc, ces projets sont financés, mais après ? « L'idée est de produire des stocks. Si une épidémie de Lassa ou de MERS se déclarait, on aurait ce qu'il faut dans les tiroirs, pour fabriquer un produit dont on a démontré qu'il marche même en Afrique et en Amérique latine. »

Malheureusement, le risque est grand que les choses s'arrêtent là. Le passage à la phase 3 continue de représenter un mur parfois insurmontable. Les chercheurs appellent cet entre-deux la « vallée de la mort ». « Ton produit pourrait ne jamais voir le jour et tu aurais travaillé pour rien », déplore Frédéric. Les raisons d'un tel blocage sont multiples et changent d'un vaccin à l'autre. Le marché financier, les intérêts particuliers, la volonté de se focaliser sur des produits qui se vendent déjà bien ou qui sont à des stades de développement plus avancé… Son laboratoire, et d'autres comme lui, cherche à produire un vaccin universel contre la grippe, qu'on pourrait injecter une fois pour toutes sans besoin de refaire le vaccin tous les ans. Mais ce vaccin ne rencontre pas pour l'instant l'intérêt de l'industrie. Contraintes similaires pour le sida. Il existe en ce moment une thérapie qui fonctionne bien pour les personnes infectées. Du coup les États qui pourraient financer la recherche sur le vaccin perçoivent moins ce dossier comme prioritaire. Le laboratoire de Frédéric travaille tout de même pour élaborer un vaccin contre le VIH basé sur la plateforme rougeole. « Pourquoi ? Parce que les thérapies sont chères. Et comme le virus est surtout diffusé dans des pays africains, certains sont trop pauvres pour les thérapies. Un vaccin serait moins coûteux pour les États, mais c'est son développement qui est cher. » Les essais sont particulièrement coûteux du fait du caractère peu infectieux du VIH. Pour un essai contrôlé, il faut compter 10 000 personnes par groupe pour être sûr de mettre en évidence un éventuel effet positif. « Cela va donc coûter 1 milliard d'euros ! À part les gros industriels, personne ne peut payer ça. Ou alors, il faudrait que plusieurs pays engagent 100 millions chacun… Pour une raison ou pour une autre il semble difficile pour le moment de les convaincre de l'intérêt de développer un tel produit. Certes, dans le cas du sida, il ne serait pas judicieux de prendre le risque d'un produit vaccinal qui serait moins efficace que la prévention et la thérapie. »

Les considérations peuvent varier d'un vaccin à l'autre. Mais il est réaliste d'affirmer que le monde de la recherche et celui des industriels répondent, du moins en partie, à des contraintes et à des priorités différentes. Quand l'industrie ne s'intéresse pas à leurs produits, les scientifiques peuvent certes chercher des alternatives – comme dans le cas de l'initiative CEPI –, voire créer des start-up et financer leurs recherches, du moins jusqu'à une certaine phase, *via* des financements alternatifs. Et il se peut même que, dans le cadre d'une stratégie commerciale, une entreprise achète un produit pour bloquer une ligne de recherche concurrente, ou pour empêcher un laboratoire de travailler avec d'autres industries, sans être vraiment intéressée par le produit lui-même. « Il faut donc se battre à tous les niveaux et faire de son mieux pour que le produit n'arrive pas sur une ligne morte. »

Peut-on communiquer en toute transparence et sans nuire ?

Parfois, le scientifique impliqué dans la recherche appliquée peut être inquiet à l'idée d'exprimer ses préoccupations et ses critiques envers l'industrie ou envers le système de la recherche actuelle.

Sa réticence peut être directement en lien avec l'enchevêtrement entre recherche publique et recherche privée. Une critique portée à un partenaire financier de son propre laboratoire peut comporter des conséquences sur les accords futurs. Le scientifique peut être aussi guidé par une préoccupation éthique et de santé publique, concernant la manière dont le grand public lira et comprendra ce genre de critiques. Ne seront-elles pas utilisées pour tout mélanger, tout confondre, tout jeter… et détruire toute confiance de la part du grand public ? Or, dans le cas des vaccins, l'enjeu est majoré par le risque que comporte une mauvaise compréhension de la science. Il ne s'agit pas uniquement de garantir la confiance envers la science, il s'agit de ne pas perdre des vies humaines. Le scientifique pourrait ainsi être tenté de taire ses préoccupations et ses critiques, du moins face au grand public, et chercher à améliorer le système sans faire du bruit. Avec Frédéric Tangy, dès notre première rencontre, nous sommes cependant tombés d'accord sur l'importance de miser sur la transparence et sur la pédagogie dans la communication : « On est très embêtés, mais il faut les dire ces messages ! » Expliciter les réussites et les écueils, affiner son discours à chaque contexte, à chaque vaccin peut au final aider le grand public à doser et à cibler l'exercice de sa méfiance. Car c'est bien une compétence qui s'entraîne. La méfiance devient problématique dès lors qu'elle se généralise aveuglément – « puisque vous vous êtes trompés sur cela, alors on ne vous fera plus confiance à propos de rien » – et quand elle risque de nous faire rejeter quelque chose qui fonctionne somme toute bien – « puisque les industriels ne sont pas des philanthropes, on doit refuser la vaccination ». L'idée d'être transparent consiste donc à ne pas chercher à vendre au grand public une science parfaite qui marche à tous les coups, mais une science qui seule est capable de produire un certain type de connaissances et qui peut et doit s'améliorer. Le problème devient alors : comment faire en sorte que cette transparence ne soit pas au final délétère sur la confiance que le grand public porte à la science ?

Pour être intelligible, un discours transparent qui porte sur un sujet aussi sensible que les vaccins doit être préparé. Pour préparer cette compréhension, il nous a paru indispensable, tout au long de cet ouvrage, de souligner les succès de la science en matière de connaissances de notre monde, d'innovations et d'amélioration de nos conditions de vie, voire en nombre de vies sauvées. Des succès auxquels peu d'entre nous seraient prêts à renoncer. Nous avons aussi cherché à souligner le fait que ces succès reposent sur un ensemble d'outils et de méthodes qui nous permettent de dépasser nos limites naturelles et nous mènent vers une connaissance toujours plus fiable et plus précise, qui fait consensus au sein de la communauté des experts.

Mais le cas des vaccins illustre toutes les difficultés de communiquer sur des sujets aussi complexes. Inévitablement, chaque cas nécessite de se plonger dans une problématique riche, avec son contexte, ses acteurs, son histoire. Un discours général sur les méthodes de la science ne saurait suffire pour permettre aux citoyens de prendre des décisions éclairées dans tous les domaines. Ce discours qui vise à doter les citoyens des outils pour évaluer l'information doit être accompagné et décliné, discipline par discipline, problématique par problématique.

3

Message à emporter : faire confiance est un art difficile

Le cas des vaccins et des médicaments est loin d'être facile, soyons honnêtes. Nous sommes obligés de faire confiance à des intermédiaires qui sont nos sources d'information. Vers qui se tourner ? Les autorités de santé ? Son médecin ? Un journal qui rapporte une actualité brûlante ? Un article scientifique pas toujours à notre portée ? L'information est difficile à vérifier. Notre cerveau nous joue des tours. Nous évoluons dans une arène sociale qui peut rigidifier nos positions. Dans ces conditions la méfiance s'installe plus facilement que la confiance. Si on ajoute à cela les intérêts privés et les limites de la recherche scientifique, on comprend qu'il est naturel de se sentir mis en danger. Un choix semble s'imposer : la prudence, la précaution, l'hésitation. Mais cette attitude renferme en fait autant de dangers que celle qui consisterait à accorder sa confiance à tort[1].

Chaque fois que des lanceurs d'alertes insufflent une nouvelle peur non justifiée, celle-ci peut se répandre. Quand cela arrive, il y a un coût à payer.

Lorsqu'un doute plane sur un produit biomédical, les laboratoires de recherche et notamment les épidémiologistes sont mobilisés pour en vérifier les fondements. C'est ce qui est arrivé pour le lien supposé entre autisme et ROR, ou au sujet du mercure. Dans ces situations où nous détenons, ou croyons détenir, de bonnes raisons de suspecter qu'un produit est dangereux, une telle attitude de vigilance est à encourager. Parfois cependant, ces peurs sont déclenchées à partir de constats très peu solides. Les conséquences de cette méfiance mal gérée sont payées par les industries pharmaceutiques, mais aussi par nous tous, et pas seulement en termes financiers. Les industries sont de plus en plus frileuses à s'investir dans la production de vaccins ; seules quatre grandes firmes sont restées très actives dans ce domaine. Le risque de ce quasi-monopole est que certains vaccins, pourtant prêts à entrer en production ou du moins à être plus largement testés, ne verront peut-être jamais le jour alors que les maladies qu'ils combattent sont graves et potentiellement mortelles. La difficulté consiste à calibrer sa méfiance, de manière à l'exercer à bon escient, car il s'agit d'une arme puissante qui peut se retourner contre nous, du moment où elle peut nous faire manquer des opportunités de progrès et de bien-être[2].

Il y a un autre risque dans la méfiance mal placée : à vouloir rejeter à tout prix les « méchants industriels » ou les « autorités scientifiques », certains pourraient céder aux sirènes des marchands de solutions miracles, vendues sous la bannière des méthodes « alternatives » à la science. Ainsi, la méfiance envers les grosses entreprises pharmaceutiques ou la « science officielle » risque de se traduire en un excès de confiance envers des procédés qui n'ont pas été mis à l'épreuve des faits, ou ont échoué à de tels tests. On cède alors à ces autres industriels, porteurs de messages qui résonnent en nous, et qui abusent de notre capacité à calibrer correctement notre confiance. Aucune erreur que la science pourrait commettre ne justifie un repli sur nos croyances. Le médecin, activiste et vulgarisateur Ben Goldacre a une manière d'exprimer cela qui est assez évocatrice : « Ce n'est pas parce que les avions ont parfois des problèmes qu'il existe vraiment des tapis volants[3]. »

Et voici un troisième risque : la méfiance peut nous motiver à vouloir répondre par nous-mêmes aux questions et aux doutes que l'on affronte. Mais face à des problématiques complexes, comme celle des vaccins, celui d'Internet est un monde encore plus hostile qu'il n'y paraît. Lors de notre rencontre avec le docteur Brigot, ce dernier a mis le doigt sur un aspect qui progressivement nous a paru fondamental dans notre analyse de la méfiance contre les vaccins : la nécessité d'apporter de la nuance dans le discours sur la vaccination et d'accepter la complexité de la situation. Les raisons qui nous amènent à devenir méfiants sont multiples. De même, il n'y a pas « le » problème des vaccins : chaque vaccin a son contexte, et sa balance coût-bénéfice, qui diffère en plus d'un patient à l'autre. Un discours qui décrit l'ensemble des vaccins comme présentant les mêmes avantages est une simplification excessive – peut-être dictée par la peur de ne pas être capable de communiquer des faits complexes – qui ne fait qu'entretenir, voire renforcer une réaction non nuancée du grand public. Évaluer la balance des coûts et des bénéfices au cas par cas requiert des compétences et des connaissances que nous ne possédons pas en règle générale. La même considération est vraie pour beaucoup d'autres sujets : OGM, énergie nucléaire, menaces technologiques... Partir sur Internet en quête d'informations pour se forger une vision personnelle de la situation globale peut sembler une solution raisonnable, voire une forme avancée d'esprit critique. Pourtant une telle démarche autonome n'est pas sans danger. Notre compréhension partielle, notre manque de connaissances spécialisées nous met au risque de nous tromper – par manque de modestie – dans l'exercice même de l'esprit critique. Nous pourrions nous transformer en porte-parole d'un message constitué de morceaux épars d'informations collés à la hâte, qui aurait l'air solide mais qui pourrait faire du tort à la réalité de la science. Quand cette manie prend le dessus, quand l'envie est là de vérifier chaque information suspecte sur Internet et de chercher une explication simpliste à des faits isolés qui apparaissent anormaux, tout en se fermant progressivement à tout argument adverse, alors nous basculons dans une forme – même atténuée – de complotisme. Les semeurs de doute à la Wakefield sont nos véritables ennemis, car ils propagent un esprit de critique déraisonné, attisent les braises de notre méfiance pour provoquer l'incendie du doute. Tandis qu'ils nous poussent à dépenser notre temps en lectures et recherches sur d'« autres vérités », ils éteignent notre capacité à discerner de manière critique la connaissance de l'opinion.

La « société de la connaissance » dans laquelle nous vivons est aussi une société de la division du travail intellectuel. Les connaissances sont tellement spécialisées que s'en sortir seuls, en faisant son marché dans les informations disponibles est illusoire, voire délétère. Pour cette raison il est fondamental que nous puissions compter sur une couche d'experts de proximité capables de nous informer avec clarté et honnêteté. Cette couche existe dans le cas de la santé : il s'agit de nos médecins. Nous devrions pouvoir nous tourner vers eux pour lever nos interrogations et nous aider à choisir. Mais pour que la chaîne de la confiance soit établie, des conditions doivent être assurées.

La première de ces conditions est qu'ils bénéficient d'une formation suffisante pour devenir les experts souhaités, capables d'évaluer de manière analytique les connaissances disponibles, et de les transmettre de façon compréhensible.

La deuxième condition qui permettrait une confiance plus forte entre le monde de la recherche et celui des citoyens est de s'assurer que l'ensemble des connaissances existantes sont mises à disposition des experts de proximité. Cela implique de réprimer certaines menaces comme le biais de publication. Cette situation demande aux experts de proximité un exercice encore plus important d'esprit critique : une capacité à jauger les informations qui leur sont données, à exiger les meilleures informations possibles et à rester prudents quand cela est nécessaire. Consciente de la grande quantité d'informations auxquelles sont confrontés les médecins, la communauté scientifique produit, depuis 1992, un outil pour donner des repères sur le niveau de preuves à l'appui des différentes pratiques médicales[4]. Cet outil, c'est la pyramide des preuves. Il reconnaît différentes catégories de preuves, comme la simple étude de quelques cas cliniques, le test expérimental plus rigoureux, jusqu'à la méta-analyse – c'est-à-dire la synthèse quantitative de l'ensemble des données scientifiques disponible à un instant donné. L'outil associe chacune de ces catégories à un degré de certitude de la connaissance qui supporte ou infirme la légitimité d'une pratique. Ce type d'outils témoigne d'une volonté du monde scientifique de donner des repères de lecture clairs pour accompagner l'évaluation de la confiance qu'il est légitime d'accorder à une intervention[5]. Il est important que de tels outils se répandent dans tous les domaines de connaissance où la science s'ouvre à la société. De même qu'il nous semble indispensable d'étendre la couche des experts de proximité et de créer un dialogue constant entre science et société. L'esprit critique n'est pas une pratique individuelle. D'une part, parce que les choix de chaque citoyen ont des retombées qui dépassent le seul cadre de l'individu et de ses proches. D'autre part, parce que cet esprit critique ne peut s'exercer correctement que si les individus sont soutenus dans leur démarche par des experts de proximité capables d'évaluer l'information à l'aide de critères sophistiqués, puis de la leur rendre accessible.

CONCLUSION

L'esprit critique : entre théorie et pratique

L'esprit critique est une quête de confiance bien placée

En tant que citoyens curieux et responsables, consommateurs quotidiens d'Internet, nous sommes submergés d'informations de qualité variable, que nous recherchons ou qui, simplement, nous tombent dessus. Comment se sortir de cette jungle d'informations ? Comment distinguer entre, d'un côté, les déclarations qui relèvent de simples opinions et, de l'autre, les affirmations qui s'appuient sur des connaissances scientifiques bien établies ?

Nous sommes capables au quotidien de construire des connaissances simples par nos propres moyens. Cependant, l'accès à la grande masse des connaissances produites et accumulées par notre espèce au cours de son histoire exige de notre part un effort supplémentaire : faire confiance aux autres. Au fil de ces chapitres, nous avons cherché à convaincre le lecteur que faire preuve d'esprit critique ne signifie pas s'armer comme des Don Quichotte pour courir après tous les moulins à vent du monde de l'information. L'esprit critique est une forme de confiance éclairée qui doit guider une prise de décision plus juste.

Dans cette quête de confiance bien placée, la science doit jouer un rôle clé.

Science et cognition

Pendant que l'humanité inventait de nouveaux outils pour observer la réalité qui nous entoure de manière plus rigoureuse, elle acquérait dans le même temps une meilleure connaissance de son propre fonctionnement. En appliquant les outils de la science à nos propres comportements, nous avons ainsi construit une *science de nous-mêmes*. Nous sommes passés de l'autre côté du miroir. Les chercheurs savent maintenant que nous possédons des capacités, des limites, des préférences et des tendances qui sont universelles et qui caractérisent notre nature humaine. Celles-ci sont le fruit de millions d'années d'évolution. Notre capacité d'observation sommaire, notre rapidité à suspecter la cause d'un malheur, notre tendance à nous accrocher à nos idées et à convaincre nos pairs de leur bien-fondé ont dû nous sauver maintes fois lorsqu'il s'agissait de survivre dans un monde incertain, changeant et déjà social. Aujourd'hui, nous avons besoin d'outils supplémentaires pour nous en sortir dans un monde qui a tant changé et que nous avons contribué à changer.

Des outils et des stratégies pour une confiance éclairée

C'est avec cette considération en tête que nous nous sommes embarqués dans un voyage d'épistémologie de terrain. Nous avons contacté des laboratoires de recherche scientifique, dialogué avec ses acteurs et essayé de comprendre leur quotidien et les outils qu'ils mobilisent pour répondre à un objectif de connaissance fiable. Ces outils ne sont pas toujours à notre portée. Nous avons cependant appris à les employer pour reconnaître une information fiable, fondée sur des méthodes rigoureuses. Une telle expertise nous offre la possibilité de fonder nos choix les plus importants sur la meilleure information disponible à un instant donné.

Mais voilà que survient un événement polémique, un scandale, un incident qui touche de trop près la science… et la confiance de nouveau vacille. Et si cette fois les scientifiques se trompaient ? À moins qu'ils ne soient sciemment en train de nous tromper ? Certes, notre méfiance peut naître pour des raisons légitimes – l'histoire nous offre malheureusement des exemples qui ont alimenté cette méfiance et de tels événements restent gravés dans notre mémoire collective… Pourtant, chaque faille devrait être mise en balance avec l'ensemble des bénéfices produits par la science, sur le long terme, et domaine par domaine. De son côté, la science a le devoir de veiller à ce que ses principes soient respectés dans la pratique, et ses outils améliorés. Elle doit mériter notre confiance. Si celle-ci est perdue, nos opinions et nos décisions risquent de se retrancher dans l'horizon restreint de nos intuitions individuelles ou de groupe, sans garantie de succès.

Entre nous et la science

Si nous voulons vraiment profiter de la richesse des connaissances produites par notre société, nous ne pouvons pas faire l'économie d'une compréhension suffisante de la science. Cependant, même une alphabétisation scientifique avancée peut ne pas suffire. Confrontés à des débats d'experts, à une information trop technique ou contradictoire sur Internet, nous serons dépassés si nous ne pouvons compter que sur nous-mêmes. Nous avons donc besoin de nous appuyer sur une couche d'experts de proximité, jouant le rôle d'intermédiaires entre la science et la société.

L'expert de proximité – médecin, journaliste, enseignant, scientifique vulgarisateur, etc. – serait celui qui possède l'expertise nécessaire pour comprendre, évaluer l'information avec l'aide de critères et transmettre le savoir de la science. Il porterait aussi la responsabilité d'interroger la science et de lui demander des comptes quand celle-ci s'écarte de ses principes. On constate cependant que le déficit de connaissance de la méthode scientifique n'affecte pas uniquement les citoyens, mais aussi certains de ceux qui pourraient les informer et les éclairer. C'est donc une condition à améliorer pour établir une chaîne de confiance qui relie la science au grand public.

Ainsi tous les médecins seraient formés pour évaluer les preuves produites par la recherche. Ils sauraient aussi s'informer directement auprès des meilleures sources disponibles et comprendre les indications concernant le niveau de preuve associé à chaque étude. Ils disposeraient également d'outils de communication pensés pour rendre intelligible leur discours auprès de leurs patients.

Dans les médias, les lecteurs disposeraient le plus souvent possible d'un discours conçu par des journalistes spécialistes d'un domaine. Les journalistes scientifiques traduiraient systématiquement le niveau de confiance des faits scientifiques qu'ils rapportent à l'aide de repères clairs auxquels le grand public aurait été sensibilisé. Les journalistes veilleraient à ne pas alimenter des dissensus sociétaux sur des problématiques pour lesquelles le consensus scientifique a été atteint.

Dans les écoles et dans les universités, nous disposons d'un réservoir précieux d'experts de proximité de toutes les disciplines, porteurs d'un savoir reconnu et formés pour le partager. Pour que les enseignants puissent jouer pleinement ce rôle, il faudrait renforcer leurs connaissances du fonctionnement réel de la science et leur offrir la possibilité de communiquer leur savoir auprès d'un public large (les élèves bien sûr, mais aussi leurs parents).

Viennent enfin les scientifiques. Ceux-ci jouent aussi le rôle d'experts de proximité dès lors qu'ils interviennent dans une conférence pour le grand public ou dans un débat de société. Il s'agit pour eux d'être conscients de la manière dont est reçu leur discours, de la méfiance et des incompréhensions que certaines formulations peuvent susciter. C'est à eux de faciliter le travail des autres experts de proximité en adoptant de bonnes pratiques de communication, en expliquant la valeur de la preuve associée à une étude, et le niveau de confiance que la société peut lui accorder.

Bien sûr, cette société d'experts doit encore se développer. Elle nécessite une formation spécifique pour chaque classe d'experts. Mais elle ne peut se faire sans une éducation de qualité de l'esprit critique pour chaque citoyen et cela dès le plus jeune âge. Cette éducation présente un double volet : une compréhension des aspects de notre fonctionnement cognitif et de ses limites ; une compréhension des outils qui permettent de dépasser ces limites.

Science, expertise et décision

Dans un contexte où la science joue un rôle clé dans la prise de décision – individuelle ou collective –, le risque existe de ne pas séparer clairement la responsabilité des instances scientifiques et décisionnelles. Toute décision est le fruit de maintes considérations où entrent en jeu valeurs, contraintes pratiques, et émotions. Parfois les politiciens aiment utiliser des raccourcis malheureux comme : « La science nous impose de prendre cette décision. » Peut-être ne s'agit-il que de tournures peu réfléchies, peut-être est-ce une manière de mettre sur d'autres épaules la responsabilité d'une décision difficile ? Le fait est que la science – la connaissance scientifique, la communauté des scientifiques – ne prend aucune décision en matière de choix politiques ou individuels. Elle peut en revanche éclairer une situation à l'aide des connaissances qu'elle apporte. Ainsi, nous n'arrêtons pas de fumer parce que la science dit qu'il faut le faire, mais parce que nous accordons une valeur plus importante à notre qualité de vie sur le long terme plutôt qu'au plaisir d'un instant. La science se contente de nous informer sur les risques associés au tabac.

L'autorité de la science réside dans ses moyens : des moyens que nous avons cherchés à vous montrer de façon pratique dans ce livre et qui permettent de construire des connaissances aussi solides et objectives que possible. Il s'agit donc d'une autorité épistémique – fondée sur la connaissance. Le décideur, lui, doit son autorité aux citoyens qui lui délèguent une partie de leurs choix – grâce au vote dans les pays démocratiques. Il est légitime qu'il se tourne vers la science pour éclairer ses décisions (c'est d'ailleurs ce que l'on observe de plus en plus dans nos démocraties occidentales et nous ne pouvons que souhaiter que cela continue) mais l'autorité épistémique ne saurait pour autant se substituer à l'autorité institutionnelle.

Le rapprochement entre science et société peut induire un autre risque : une forme de pression que la société imposerait au fonctionnement de la science. Une pression pour aller vite, une pression pour produire de plus en plus de savoirs, une pression pour faire en sorte que cette connaissance soit immédiatement disponible...

Une pression faite à la science d'être infaillible.

Éloge de la lente amélioration des choses

La science n'est pas certes parfaite, et les scientifiques, dans leur vie quotidienne comme dans leur travail, sont des êtres humains qui montrent les mêmes limites et les mêmes « mauvaises » habitudes que tout un chacun – ou presque. Ils commettent des erreurs, leurs résultats sont susceptibles de biais. Ils disposent cependant d'un ensemble d'outils fournis par la science pour contrôler ces biais. Aucune entreprise humaine ne sera jamais totalement exempte d'erreur. Nous ne pouvons pas en demander autant. La science poursuit pourtant l'objectif de construire des connaissances objectives.

Elle n'est pas le mieux, mais le meilleur possible : ses stratégies nous permettent de faire mieux qu'une observation improvisée, qu'un pressentiment ou une explication basée sur des cas anecdotiques.

La méthode scientifique non plus, n'est pas parfaite, pas plus que les connaissances qu'elle permet de produire. Elle est pourtant le seul bouclier que nous possédons contre les arnaques pseudoscientifiques, les charlatans, et autres douces illusions… Nous associons les progrès de la science à des instruments technologiques comme le microscope, le télescope ou les ordinateurs de plus en plus puissants et rapides. Nous en venons à oublier les outils d'ordre épistémologique que nous avons rencontrés tout au long de cet ouvrage. De la grille d'observation aux protocoles expérimentaux les plus complexes – comme les essais randomisés, contrôlés et effectués en double ou triple aveugle –, des statistiques pour calculer les erreurs aux outils mathématiques pour prédire le futur… toutes ces stratégies et artefacts ont eux aussi participé à une marche en avant de la science vers toujours plus de fiabilité.

D'autres menaces pèsent encore aujourd'hui sur la connaissance scientifique : intérêts financiers et personnels, quête de prestige… Trouver des solutions face à des problèmes nouveaux, la science sait le faire et l'a déjà fait par le passé. Le système de publication dans des revues spécialisées et celui de révision par les pairs ont été inventés pour un meilleur contrôle des connaissances produites. Aujourd'hui, ce même système est mis à mal par le nombre croissant des recherches menées et par la pression de publier, qui rendent ce contrôle plus difficile à assurer. La création d'organismes de superévaluation par les pairs – tel que le GIEC – qui permettent de synthétiser de grandes quantités de connaissances dans un effort collaboratif montre que la science poursuit sa réflexion pour continuer à améliorer la transparence et la fiabilité de ses procédures. Nous avons le droit et le devoir d'être aussi éduqué à ce fonctionnement de la science car il est un levier indispensable pour construire une confiance raisonnée envers les bonnes sources d'information.

Même si les moyens intellectuels et matériels de la science augmentent sans cesse, les défis auxquels l'humanité se confronte sont toujours plus grands. La recherche scientifique a toujours été et restera difficile. Et pour cela, on ne peut rien. Si ce n'est développer notre patience. La science se doit – et nous doit – de ne pas courir vers de nouvelles découvertes, mais de prendre le temps de répliquer les études, de multiplier les données et de croiser les méthodes d'investigation. Cela peut être dur à accepter, notamment quand on attend de la science qu'elle nous aide à sauver des vies, mais courir ne rend pas nécessairement service : se précipiter donne des solutions apparentes mais qui ne sont pas nécessairement les bonnes. Il y a un facteur temps incompressible dans la phase de recherche, puis dans celle de validation d'une connaissance nouvelle. La science est donc lente et doit le rester. C'est à ce prix qu'elle produit des découvertes solides et fiables, que l'on pourra appliquer et utiliser pour mieux décider en connaissance de cause.

Exercer son esprit critique : le kit de survie

Nous nous étions promis de ne pas céder à la tentation de rédiger des listes de recommandation interminables sur la manière de traiter les informations : faites attention aux sources, évaluez les références... De telles listes sont très peu exploitables pour les citoyens que nous sommes, pris par le temps et nos préoccupations pratiques, limités dans nos connaissances et nos moyens. Nous avons fait un tout autre pari : s'outiller pour construire une confiance éclairée, dirigée vers les vrais experts.

Et pourtant, voilà qu'arrive, dans les toutes dernières lignes, la fameuse liste de conseils.

Pourquoi se risquer sur le terrain des recettes simples, voire simplistes qui font penser aux livres de *self-help* qui vous apprennent à devenir meilleurs en quelques minutes ? En réalité, on ne trouvera pas dans cette liste des propositions de solution miracle. Simplement quelques aides pour cultiver notre modestie. Avec tout de même un conseil providentiel à la fin.

Faire preuve d'esprit critique relève d'un ensemble d'attitudes à adopter, de compétences à développer et de connaissances à acquérir. La tâche n'est pas facile. Il ne s'agit pas de baisser systématiquement la confiance en soi-même ou envers les autres et devenir plus méfiants. Bien au contraire, il s'agit d'apprendre à calibrer sa confiance pour qu'elle soit en adéquation avec les circonstances.

Pour cela nous avons besoin, en premier lieu, de penser à rendre explicite notre évaluation des informations : pourquoi faisons-nous confiance à cet informateur ? Pourquoi cette information suscite-t-elle en nous une réaction de rejet ou d'incrédulité ? Pourquoi nous sentons-nous si sûrs de l'affirmation que nous venons de formuler ? En somme, faire l'effort d'apprendre à s'autoévaluer et à se poser des questions sur ce qu'on sait ou sur ce qu'on ne sait pas. Tout cela nous rendra un peu plus lents mais un peu plus justes dans nos jugements. Nommons cette première stratégie de l'esprit critique *stratégie de la métacognition*.

La simple volonté pourrait ne pas suffire à faire preuve d'esprit critique. Nous pourrions tomber dans la tentation de nous convaincre nous-mêmes et de nous renforcer dans nos opinions. Un conseil ? Avoir recours aux autres : dialoguer, discuter, exposer nos idées à des interlocuteurs bienveillants et de bonne volonté, des interlocuteurs peut-être plus informés que nous. Avec leur regard extérieur, ils pourront nous aider à remarquer nos lacunes et à mieux analyser les arguments qui sous-tendent nos prises de position. C'est la *stratégie de la communauté*. Pour éviter toutefois le risque des cascades de confirmation de la part de notre entourage, il faudra identifier les cas où les seules preuves dont on dispose sont avancées par des personnes qui partagent nos convictions depuis la première seconde.

Prendre le temps pour penser plus longuement et penser ensemble n'est pas encore suffisant pour se forger un esprit critique robuste.

Nous avons besoin d'outiller notre système naturel d'évaluation de l'information pour le rendre plus performant face aux défis contemporains pour lesquels il n'est pas nécessairement préparé. C'est la *stratégie de la boîte à outils*. À l'intérieur de cette boîte, on trouvera : des connaissances factuelles qui vont nous aider à juger de la plausibilité des opinions et des idées que nous rencontrons ; des critères pour évaluer de manière plus juste les preuves les plus solides ; d'autres critères encore permettant d'identifier, dans un domaine donné, les sources les plus fiables et les plus expertes.

Prenez le cas de Wikipédia. Wikipédia a certainement des défauts et commet des erreurs. Mais souvent ces défauts sont déclarés explicitement sur la page que nous sommes en train de lire : « Ici, manque une référence », « Le sujet est à développer ». C'est à nous d'apprendre à lire ces indices : ils nous incitent à utiliser les informations de la page avec plus de prudence. Wikipédia bénéficie, en outre, de modérateurs actifs et de millions de lecteurs – avec parmi eux une proportion suffisante de relecteurs ou de lecteurs critiques. Une erreur a de bonnes chances d'être repérées, du moins concernant les pages les plus consultées. Le cas de Wikipédia est donc un bon exemple de collaboration qui permet de créer une sorte d'immunité critique « de groupe ». C'est également un bon exemple de la nécessité d'apprendre la manière avec laquelle l'information est construite et partagée pour mieux l'évaluer.

Dans la boîte à outils pour l'esprit critique nous trouvons aussi des connaissances sur notre fonctionnement cognitif naturel : d'une part les influences qui orientent notre évaluation des informations, nos propres observations et nos intuitions et d'autre part les biais qui nous amènent parfois à être trop confiants, ou pas assez. Ces connaissances nous aident donc directement à calibrer la confiance que nous portons à nos jugements, en nous rappelant quelles situations sont le plus à même de nous mettre en difficulté. Calibrer sa confiance revient aussi à estimer si les connaissances dont on dispose sont suffisantes pour se prononcer de manière assertive. Dans le cas contraire, il nous faudra admettre l'incertitude avec laquelle on se prononce. Il se pourrait qu'on doive déclarer que l'on a besoin de plus d'informations avant de faire un choix, malgré la frustration qu'une telle attitude engendre inévitablement. C'est la *stratégie de la modestie.*

Mettre en œuvre toutes ces stratégies comporte des coûts qu'il ne faudra pas systématiquement être disposés à payer, notamment lorsque les chances de commettre des erreurs sont très limitées, ou encore lorsque les erreurs sont sans conséquence importante. Nous pourrions reconnaître des « signes » qui doivent nous inciter à mobiliser notre boîte à outils avancée de l'esprit critique. Pour peu que nous y soyons attentifs, ces signes nous indiquent que l'erreur nous guette. C'est la *stratégie de la vigilance.* Un texte qui comporterait un très grand nombre de leviers de persuasion – images d'enfants en détresse, récits émouvants, appel aux émotions négatives comme la peur, menaces… –, sans arguments solides en contrepartie, devrait alerter notre esprit critique. Une réaction émotionnelle n'est pas mauvaise en soi, mais elle peut influencer à tort notre jugement. Cela nous permettra peut-être d'éviter des prises de position trop rapides ou trop simplistes. Nous sommes enclins à faire confiance à la science – la plupart d'entre nous en tout cas –, du moins tant que cela ne touche pas des questions qui polarisent le débat ou qui suscitent un sentiment d'appartenance à un groupe – les « pour » et les « anti ». Apprenons à reconnaître ces situations et soyons avertis face à ce risque de partialité.

Voici enfin la *stratégie de l'engagement réciproque.* Nous demandons aux scientifiques plus de transparence dans la production de leurs résultats. Nous devrions nous engager à notre tour à être des citoyens informés, exigeants envers nos sources d'information, attentifs à ne pas répandre inutilement des informations douteuses, actifs dans la correction de celles qui nous tombent sous la main. C'est le prix à payer pour avoir le droit de profiter du monde d'Internet et d'une société de la connaissance.

Conseil ultime

Penser de manière plus critique est d'autant plus efficace que les personnes de votre entourage s'y mettent aussi. C'est la *stratégie de la solidarité d'action.*

Offrez ce livre à Noël !

Notes bibliographiques

CHAPITRE I

Une méthode pour éclairer ses intuitions

1

Aperçu sur notre fonctionnement cognitif

1. Shepard R. N. (1990), *Mind Sights : Original Visual Illusions, Ambiguities, and Other Anomalies, With a Commentary on the Play of Mind in Perception and Art*, Freeman.
2. Purves D., Wiede, M. A., Lotto R. B. (2003), *Why We See What We Do : An Empirical Theory of Vision*, Sinauer.
3. Hofstadter D., Sander E. (2013), *L'Analogie. Cœur de la pensée*, Odile Jacob.
4. Rosch E. H. (1973), « Natural categories », *Cognitive Psychology*, 4 (3), p. 328-350.
5. Gelman S. A. (2004), « Psychological essentialism in children », *Trends in Cognitive Sciences*, 8, p. 404-409.
6. Farah M. (2004), *Visual Agnosia*, Bradford. Sacks O. (1992), *L'Homme qui prenait sa femme pour un chapeau*, Seuil, 1992.
7. Sinha P., Balas B., Ostrovsky Y., Russell R. (2018), « Face recognition by humans : 20 results all computer vision researchers should know about », Proceedings of The IEEE. IEEE Xplore.
8. Tversky A., Kahneman D. (1974), « Judgment under uncertainty : Heuristics and biases », *Science*, 185, p. 1124-1131. Gilovich T., Griffin D., Kahneman D. (dir.) (2002), *Heuristics and biases : The Psychology of Intuitive Judgment*, Cambridge University Press. Redelmeier D. A., Tversky A. (1996), « On the belief that arthritis pain is related to the weather », *Proc. Natl Acad. Sci.*, 2, 93 (7), p. 2895-2896.

9. Kahneman D. (2012), *Système 1/Système 2. Les deux vitesses de la pensée*, Flammarion.
10. Pinker S. (2017), *La Part d'anges en nous*, Les Arènes. Gilovich T. (2008), *How We Know What Isn't So*, Simon and Schuster.
11. Haselton M. G., Nettle, D., Murray D. R. (2015), « The evolution of cognitive bias », *The Handbook of Evolutionary Psychology*, p. 1-20. Haselton M. G., Nettle D. (2006), « The paranoid optimist : An integrative evolutionary model of cognitive biases », *Personality and Social Psychology Review*, 10 (1), p. 47-66.

2

Premier voyage au cœur de la science : la piste des loups

1. http://www.lifewolfalps.eu.
2. En comptabilisant les hybrides de première génération – c'est-à-dire issus d'un croisement entre un loup et une chienne ou un chien et une louve – et les animaux issus d'un rétrocroisement entre un hybride de première génération et un loup. Il est actuellement impossible de détecter des hybrides de troisième génération.
3. Depuis quelques années, des progrès ont permis de développer cette approche même dans des cas où l'hypothèse d'une probabilité de recapture constante n'est pas vérifiée.
4. Sutherland W. J., Pullin A. S., Dolman P. M., Knight T. M. (2004), « The need for evidence-based conservation », *Trends in Ecology and Evolution*, 19 (6), p. 305-308.
5. Louvrier J., Duchamp C., Lauret V., Marboutin E., Cubaynes S., Choquet R., ..., Gimenez O. (2018), « Mapping and explaining wolf recolonization in France using dynamic occupancy models and opportunistic data », *Ecography*, 41 (4), p. 647-660.

CHAPITRE II

Mettre ses idées à l'épreuve des faits

1

Jusqu'où est-on prêt à aller pour connaître la vérité ? Pas très loin…

1. Medalia N. Z., Larsen O. N. (1958), « Diffusion and belief in a collective delusion : The Seattle windshield pitting epidemic », *American Sociological*

Reveiw, 23 (2), p. 180-186. Stein A. J. (2003), « Windshield pitting incidents in Washington reach fever pitch on April 15, 1954 », HistoryLink.org, http://www.historylink.org/File/5136. Bartholomew R. E., Goode E. (2000), « Mass delusions and hysterias : Highlights from the past millennium », *Skeptical Inquirer*, 24 (3).

2. *Ibid.*
3. Mack G. (2009), « Téléphonie mobile : légende urbaine à Saint-Cloud », Challenges.fr, 21 avril. Krivine J.-P. (2009), « Le sensationnel contre l'information. Antennes-relais », *SPS*. 288.
4. Sperber D. (1985), « Anthropology and psychology : Towards an epidemiology of representations », *Man*, 20 (1), p. 73-89. Sperber D. (2012), « Cultural attractors », *in* J. Brockman (dir.), *This Will Make You Smart*, Harper, p. 180-183.
5. Anderson C. A., Lepper M. R., Ross L. (1980), « Perseverance of social theories : The role of explanation in the persistence of discredited information », *Journal of Personality and Social Psychology*, 39 (6), p. 1037-1049.
6. Anderson, C. A. (2007), « Belief perseverance », *in* R. F. Baumeister, K. D. Vohs (dir.), *Encyclopedia of Social Psychology*, Sage Publications, p. 109-110. Kahneman, D. (dir) (1982), *Judgment Under Uncertainty : Heuristics and Biases*, Cambridge University Press.
7. Bjork E. L., Bjork R. A. (2011), « Making things hard on yourself, but in a good way : Creating desirable difficulties to enhance learning », *in* M. A. Gernsbacher, R. W. Pew, L. M. Hough, J. R. Pomerantz (dir.), *Psychology and the Real World : Essays Illustrating Fundamental Contributions to Society*, Worth Publishers, p. 56-64. Seifert C. M. (2000), « The continued influence of misinformation in memory : What makes a correction effective ? », *Psychology of Learning and Motivation*, 41, p. 265-292. Festinger L. *et al.* (1956), *When Prophecy Fails*, University of Minnesota Press.
8. On peut défendre ses choix pour se protéger de l'impression négative d'une perte après un investissement initial, qu'il soit en termes de temps, d'argent ou d'énergie. Kahneman D., Tversky A. (1979), « Prospect theory : An analysis of decision under risk », *Econometrica*, 47 (4), p. 263-291.
9. « Vitamine C et rhume : la fin d'un mythe », *Le Monde*, 21 juillet 2007, https://www.lemonde.fr/vous/article/2007/07/21/vitamine-c-et-rhume-la-fin-d-un-mythe_938002_3238.html. Hemilä H., Chalker E. (2013), « Vitamin C for preventing and treating the common cold », *Cochrane Database of Systematic Reviews*, 1, CD000980.
10. Mercier H., Sperber D. (2017), *The Enigma of Reason*, Harvard University Press. Trouche E., Johansson P., Hall L., Mercier H. (2016), « The selective laziness of reasoning », *Cognitive Science*, 40 (8), p. 2122-2136.
11. Nickerson R. S. (1998), « Confirmation bias : A ubiquitous phenomenon in many guises », *Review of general psychology*, 2 (2), p. 175-220. Mercier H., Sperber D., *The Enigma of Reason, op. cit.*
12. Boyer P. (2018), *Minds Make Societies. How Cognition Explains the World Humans Create*, Yale University Press.

13. Pariser E. (2011), *The Filter Bubble : What the Internet Is Hiding from You*, Penguin.
14. Boyer P., *Minds Make Societies, op. cit.*
15. Bronner G. (2013), *La Démocratie des crédules*, PUF. Dubois E., Blank G. (2018), « The echo chamber is overstated : The moderating effect of political interest and diverse media », *Information, Communication, Society*, 21 (5), p. 729-745. Bail C. A., Argyle L., Brown T., Bumpuss J., Chen H., Hunzaker M. F., ..., Volfovsky A. (2018), « Exposure to opposing views on social media can increase political polarization », *Proceedings of the National Academy of Sciences*, 115 (37), p. 9216-9221.
16. Zimmerman C. (2000), « The development of scientific reasoning skills », *Developmental Review*, 20 (1), p. 99-149. Sodian B., Zaitchik D., Carey S. (1991), « Young children's differentiation of hypothetical beliefs from evidence », *Child Development*, 62 (4), p. 753-766.
17. Kuhn D. (1989), « Children and adults as intuitive scientists », *Psychological Review*, 96 (4), p. 674-689. Kuhn D., Amsel E., O'Loughlin M., Schauble L., Leadbeater B., Yotive W. (1988), *The Development of Scientific Thinking Skills*, Academic Press. Gopnik A., Meltzoff A. N., Kuhl P. K. (2001), *The Scientist in the Crib : What Early Learning Tells Us About the Mind*, Perennial. Zimmerman C. (2000), « The development of scientific reasoning skills », *Developmental Review*, 20 (1), p. 99-149.

2

Deuxième voyage au cœur de la science : les briques élémentaires

1. $E = mc^2$ est la formule qui décrit la corrélation de la masse et de l'énergie. Elle permet de convertir les mesures de la masse en mesures de l'énergie. Et, en effet, en physique des particules, la masse est souvent mesurée en unités d'énergie, et notamment en électronvolts. Bodanis D. (2009), *$E = mc^2$: A Biography of the World's Most Famous Equation*, Bloomsbury.
2. Mercier H., Sperber D. (2011), « Why do humans reason ? Arguments for an argumentative theory », *Behavioral and Brain Sciences*, 34 (2), p. 57-74. Mercier H., Sperber D., *The Enigma of Reason, op. cit.*

CHAPITRE III

L'art de parvenir à un consensus

1. Jouzel J., Raynaud C., Lorius D., Lorius C., Raynaud D. (2008), *Planète blanche. Les glaces, le climat et l'environnement*, Odile Jacob.

2. Vincent C. (2010), *L'Impact des changements climatiques sur les glaciers alpins*, thèse à l'université de Grenoble. Francou B., Vincent C. (2007), *Les Glaciers à l'épreuve du climat*, IRD/Belin.
3. Francou B., Vincent C. (2007), *Les Glaciers à l'épreuve du climat*, *op. cit.*

1
Désemparés…

1. http://www.oism.org/pproject/.
2. Proctor R. N. (1995), *Cancer Wars : How Politics Shapes What We Know and Don't Know About Cancer*, Basic Books. Proctor R. N., Schiebinger L. (dir.) (2008), *Agnotologie : The Making and Unmaking of Ignorance*, Stanford University Press.
3. Pinto M. F. (2017), « To know or better not to. Agnotology and the social construction of ignorance in commercially driven research », *Science and Technology Studies*, 30 (2), p. 53-72. Conway E. M., Oreskes N. (2012), *Les Marchands de doute*, Le Pommier. Michaels D. (2008), *Doubt is Their Product : How Industry's Assault to Science Is Threatening Your Health*, Oxford University Press.
4. Cook J. (2018), « Understanding and countering climate science denial », *Journal and Proceedings of the Royal Society of New South Wales*, 150 (2), p. 207-219. Cook J., Ellerton P., Kinkead D. (2018), « Deconstructing climate misinformation to identify reasoning errors », *Environmental Research Letters*, 11 (2). Cook J., Schuennemann K., Nuccitelli D., Jacobs P., Cowtan K., Green S., Way R., Richardson M., Cawley G., Mandia S., Skuce A., Bedford D. (2015), « Denial101x : Making sense of climate science denial », http://edx.org/understanding-climate-denial. Cook J., Bedford D., Mandia S. (2014), « Raising climate literacy through addressing misinformation : Case studies in agnotology-based learning », *Journal of Geoscience Education*, 62 (3), p. 296-306. Nisbet M. C., Myers T. (2007), « The polls. Trends twenty years of public opinion about global warming », *Public Opinion Quarterly*, 71 (3), p. 444-470.
5. Skuce A. G., Cook J., Richardson M., Winkler B., Rice K., Green S. A., ..., Nuccitelli D. (2017), « Does it matter if the consensus on anthropogenic global warming is 97 % or 99.99 % ? », *Bulletin of Science, Technology and Society*, doi:0270467617702781. Cook J., Oreskes N., Doran P. T., Anderegg W. R., Verheggen B., Maibach E. W., Carlton J. S., Lewandowsky S., Skuce A. G., Green S. A., Nuccitelli D. (2016), « Consensus on consensus : A synthesis of consensus estimates on human-caused global warming », *Environmental Research Letters*, 11 (4), 048002. Verheggen B., Strengers B., Cook J., Van Dorland R., Vringer K., Peters J., Visser H., Meyer L. (2014), « Scientists' views about attribution of global warming », *Environmental Science and Technology*, 48 (16), p. 8963-8971. Cook J., Nuccitelli D., Skuce A., Jacobs P.,

Painting R., Honeycutt R., Green S. A., Lewandowsky S., Richardson M., Way R. G. (2014), « Reply to "Quantifying the consensus on anthropogenic global warming in the scientific literature : A reanalysis" », *Energy Policy*, 73, p. 706-708.

6. « Ce que cache la pétition de l'Oregon », *Le Monde Magazine*, 26 mars 2010.
7. Mercier H. (2017), « How gullible are we ? A review of the evidence from psychology and social science », *Review of General Psychology*, 21 (2), p. 103-122.
8. Sperber D., Clément F., Heintz C., Mascaro O., Mercier H., Origgi G., Wilson D. (2010), « Epistemic vigilance », *Mind and Language*, 25 (4), p. 359-393. Robinson E., Einav S. (dir.) (2014), *Trust and Skepticism : Children's Selective Learning From Testimony*, Psychology Press. Harris P. L. (2012), *Trusting What You're Told : How Children Learn From Others*, Harvard University Press. Harris P. L., Corriveau K. (2011), « Young children's selective trust in informants », *Philosophical Transactions of the Royal Society of London. Series B, Biological Sciences*, 366, p. 1179-1187. Mercier H. (2017), « How gullible are we ? A review of the evidence from psychology and social science », art. cit.
9. Bronner G. (2013), *La Démocratie des crédules*, PUF. Origgi G. (2015), *La Réputation*, PUF, 2015.
10. Saad L., Jones J. M. (2016), « U.S. concern about global warming at an eight-year high », Gallup.com, 16 mars, https://news.gallup.com/poll/190010/concern-global-warming-eight-year-high.aspx.
11. Van der Linden S., Maibach E., Cook J., Leiserowitz A., Ranney M., Lewandowsky S., Árvai J., Weber E. U. (2017), « Culture versus cognition is a false dilemma », *Nature Climate Change*, 7 (7), p. 457. Kahan D. M., Carpenter K. (2017), « Out of the lab and into the field », *Nature Climate Change*, 7 (5), p. 309-311. Clayton S., Manning C. (2018), *Psychology and Climate Change : Human Perceptions, Impacts, and Responses*, Academic Press.
12. https://senseaboutscience.org/activities/making-sense-of-uncertainty/.
13. Plutzer E., McCaffrey M., Hannah A. L., Rosenau J., Berbeco M., Reid A. (2016), « Climate confusion among US teachers : Teachers' knowledge and values can hinder climate education », *Science*, 351 (6274), p. 665-666.
14. Fleming S. M., Frith C. D. (2014), *The Cognitive Neuroscience of Metacognition*, Springer. Fleming S. M., Lau H. C. (2014), « How to measure metacognition », *Front. Hum. Neurosci.*, 8, p. 443. Fleming S. M., Dolan R. J. (2012), « The neural basis of metacognitive ability », *Philos. Trans. R. Soc. Lond. B Biol. Sci.*, 367 (1594), p. 1338-1349. Shea N., Boldt A., Bang D., Yeung N., Heyes C., Frith C. D. (2014), « Supra-personal cognitive control and metacognition », *Trends in Cognitive Sciences*, 18 (4), p. 186-193. Yeung N., Summerfield C. (2012), « Metacognition in human decision-making : Confidence and error monitoring », *Philos. Trans. R. Soc. Lond. B Biol. Sci.*, 367 (1594), p. 1310-1321.

15. Goupil L., Romand-Monnier M., Kouider S. (2016), « Infants ask for help when they know they don't know », *Proceedings of the National Academy of Sciences USA*, 113 (13), p. 3492-3496. Goupil L., Kouider S. (2016), « Behavioral and neural indices of metacognitive sensitivity in preverbal infants », *Current Biology*, 26 (22), p. 3038-3045.
16. Goupil L., Kouider S., « Behavioral and neural indices of metacognitive sensitivity in preverbal infants », art. cit.
17. Sharot T. (2011), « The optimism bias », *Current Biology*, 21 (23), R941-R945. Sharot T., Riccardi A. M., Raio C. M., Phelps E. A. (2007), « Neural mechanisms mediating optimism bias », *Nature*, 450 (7166), p. 102. Sharot T., Korn C. W., Dolan R. J. (2011), « How unrealistic optimism is maintained in the face of reality », *Nature Neuroscience*, 14 (11), p. 1475. Dunning D. (2011), « The Dunning-Kruger effect : On being ignorant of one's own ignorance », *Advances in Experimental Social Psychology*, 44, p. 247-296.

2

Troisième voyage au cœur de la science : le climat à la lumière des faits

1. https://archive.ipcc.ch/home_languages_main_french.shtml.
2. Van Deursen A. J., Van Dijk, J. A. (2009), « Using the Internet : Skill related problems in users' online behavior », *Interacting With Computers*, 21 (5-6), p. 393-402.
3. Masson-Delmotte V. (2015), *Climat, le vrai et le faux*, Le Pommier.
4. Oreskes N. (2019), *Why Trust Science ?*, Princeton University Press.
5. Csiszar A. (2016), « Peer review : Troubled from the start », *Nature*, 532, p. 306-308. Spier R. (2002), « The history of the peer-review process », *Trends in Biotechnology*, 20 (8), p. 357-358. Burnham J. C. (1990), « The evolution of editorial peer review », *JAMA*, 263 (10), p. 1323-1329. « Scholarly peer review », Wikipedia , https://en.wikipedia.org/wiki/Scholarly_peer_review. « A history of academic peer review », blog Frontiers, https://blog.frontiersin.org/2016/09/15/a-history-of-academic-peer-review/.
6. Pier E. L., Brauer M., Filut A., Kaatz A., Raclaw J., Nathan M. J., ..., Carnes M. (2018), « Low agreement among reviewers evaluating the same NIH grant applications », *Proceedings of the National Academy of Sciences USA*, 115 (12), p. 2952-2957.
7. https://archive.ipcc.ch/home_languages_main_french.shtml.
8. Firestein S. (2012), *Ignorance : How It Drives Science*, Oxford University Press.
9. Nisbet R. (1980), *History of the Idea of Progress*, Heinemann. « Scientific progress », Stanford Encyclopedia of Philosophy, https://plato.stanford.edu/entries/scientific-progress/.

10. Graham Cogley J., Kargel J. S., Kaser G., Van der Veen C. J. (2010), « Tracking the source of glacier misinformation », *Science*, 327 (5965), p. 522 ; réponse à Bagla P. (2009), « Climate change. No sign yet of Himalayan meltdown, Indian report finds », *Science*, 326 (5955), p. 924-925. Bagla P. (2009), « Himalayan glaciers melting deadline "a mistake", BBC News.
11. Nisbet R., 1980, *History of the Idea of Progress*, *op. cit.* « Scientific progress », Stanford Encyclopedia of Philosophy, https://plato.stanford.edu/entries/scientific-progress/. Firestein S., *Ignorance : How It Drives Science*, *op. cit.*
12. https://www.ipcc.ch/pdf/supporting-material/uncertainty-guidance-note.pdf. http://www.interacademycouncil.net/File.aspx?id=27678.
13. Ils ont sillonné aussi le Maroc. https://trainduclimat.fr. Une opération montée par l'association Le Train du climat, présidée par Jean Jouzel, climatologue, glaciologue, ancien coordinateur du Groupe 1 du GIEC.
14. Cook J., Ellerton P., Kinkead D. (2018), « Deconstructing climate misinformation to identify reasoning errors », *Environmental Research Letters*, 11 (2). Cook J. (2016), « Countering climate science denial and communicating scientific consensus », *in* M. C. Nisbet, S. S. Ho, E. Markowitz, S. O'Neill, M. S. Schäfer, J. Thaker (dir.), *Oxford Encyclopedia of Climate Change Communication*, Oxford University Press. Van der Linden S., Maibach E., Cook J., Leiserowitz A., Lewandowsky S. (2017), « Inoculating against misinformation », *Science*, 358 (6367), p. 1141-1142. Cook J., Lewandowsky S., Ecker U. (2017), « Neutralizing misinformation through inoculation : Exposing misleading argumentation techniques reduces their influence », *PLoS ONE*, 12 (5): e0175799. Skuce A. G., Cook J., Richardson M., Winkler B., Rice K., Green S. A., ..., Nuccitelli D. (2017), « Does it matter if the consensus on anthropogenic global warming is 97 % or 99.99 % ? », art. cit. Cook J., Oreskes N., Doran P. T., Anderegg W. R., Verheggen B., Maibach E. W., Carlton J. S., Lewandowsky S., Skuce A. G., Green S. A., Nuccitelli D. (2016), « Consensus on consensus : A synthesis of consensus estimates on human-caused global warming », *Environmental Research Letters*, 11 (4), 048002. Cook J., Ecker U., Lewandowsky S. (2015), « Misinformation and how to correct it », *in* R. A. Scott, M. Buchmann, S. M. Kosslyn (dir.), *Emerging Trends in the Social and Behavioral Sciences : An Interdisciplinary, Searchable, And Linkable Resource*, John Wiley. Cook J., Bedford D., Mandia S. (2014), « Raising climate literacy through addressing misinformation : Case studies in agnotology-based learning », *Journal of Geoscience Education*, 62 (3), p. 296-306. Cook J., Lewandowsky S. (2011), *The Debunking Handbook*, Skeptical Science, http://sks.to/debunk. Legates D. R., Soon W., Briggs W. M. (2013), « Learning and teaching climate science : The perils of consensus knowledge using agnotology », *Science and Education*, 22, p. 2007-2017.

3

Message à emporter : compréhension et confiance

1. Feynman R. P. (1974), « Cargo cult science », *Engineering and Science*, 37 (7), p. 10-13.
2. Origgi G., *La Réputation*, *op. cit.*
3. Shermer M. (2011), *The Believing Brain*, Holt.

CHAPITRE IV

Des repères pour décider

1. Taylor B., Miller E., Farrington C. P., Petropoulos M. C., Favot-Mayaud I., Li J. *et al.* (1999), « Autism and measles, mumps, and rubella vaccine : No epidemiologic evidence for a causal association », *The Lancet*, 353, p. 2026-2029. Demicheli V., Rivetti A., Debalini M. G., Di Pietrantonj C. (2012), « Vaccines for measles, mumps and rubella in children », *Cochrane Database of Systematic Reviews*, 2, CD004407. Jain A., Marshall J., Buikema A., Bancroft T., Kelly J. P., Craig J. N. (2015), « Autism occurrence by MMR vaccine status among US children with older siblings with and without autism », *JAMA*, 313, p. 1534-1540.
2. Wakefield A. J., Murch S. H., Anthony A., Linnell J., Casson D. M., Malik M. *et al.* (1998), « Ileal-lymphoid-nodular hyperplasia, non-specific colitis, and pervasive developmental disorder in children », *The Lancet*, 351, p. 637-641.
3. Godlee F. (2011), « The fraud behind the MMR scare », *BMJ*, 342, d22. Deer B. (2010), « Wakefield's "autistic enterocolitis" under the microscope », *BMJ*, 340, c1127. Deer B. (2011), « How the case against the MMR vaccine was fixed », *BMJ*, 342, c5347. Deer B. (2011), « Secrets of the MMR scare. How the vaccine crisis was meant to make money », *BMJ*, 342, c5258. Deer B. (2011), « Secrets of the MMR scare. *The Lancet*'s two days to bury bad news », BMJ, 2011, 342, c7001. Deer B. (2007), « Autism research : What makes an expert ? », *BMJ*, 334, p. 666-667. General Medical Council (2010), « Fitness to practise panel hearing ».
4. Deer B. (2004), « Revealed : MMR research scandal », *Sunday Times*, 22 février, https://www.thetimes.co.uk/article/revealed-mmr-research-scandal-7ncfntn8mjq. Deer B. (2009), « MMR doctor fixed data on autism », *Sunday Times*, https://www.thetimes.co.uk/article/mmr-doctor-andrew-wakefield-fixed-data-on-autism-mgj82qsk50g. Murch S. H., Anthony A., Casson D. H., Malik M., Berelowitz M., Dhillon A. P. *et al.* (2004), « Retraction of an

interpretation », *the Lancet*, 363, p. 750. Horton R. (2004), « A statement by the editors of *The Lancet* », *The Lancet*, 363, p. 820-821.

5. Loftus E. F. (2007), « Memory distortions : Problems solved and unsolved », *in* M. Garry, H. Hayne, *Do Justice and Let the Sky Fall : Elizabeth F. Loftus and Her Contributions to Science, Law, and Academic Freedom*, Lawrence Erlbaum Associates, p. 1-14.
6. Deer B. (2011), « Piltdown medicine : The missing link between MMR and autism », *The BMJ Opinion*, 6 janvier.
7. Eggertson L. (2010), « *Lancet* retracts 12-year-old article linking autism to MMR vaccines », *CMAJ*, 182, E199-200. Opel D. J., Diekema D. S., Marcuse E. K. (2011), « Assuring research integrity in the wake of Wakefield », *BMJ*, 342, d2.
8. Wang J. J., Attia J. (2010), « Study designs in epidemiology and levels of evidence », *Am. J. Ophthalmol.*, 149 (3), p. 367-370. Kempen J. (2011), « Appropriate use and reporting of uncontrolled case series in the medical literature », *Am. J. Ophthalmol.*, 151 (1), p. 7-10.
9. Chen R. T., DeStefano F. (1998), « Vaccine adverse events : causal or coincidental ? », *The Lancet*, 351, p. 611-612.
10. Goldacre B. (2003), « Never mind the facts », *The Guardian*, 11 décembre, https://www.theguardian.com/education/2003/dec/11/science.highereducation.
11. Taylor B., Miller E., Farrington C. P., Petropoulos M.-C., Favot-Mayaud I., Li J., Waight P. A. (1999), « Autism and measles, mumps, and rubella vaccine : No epidemiological evidence for a causal association », *The Lancet*, 353, p. 2026-2029. DeStefano F., Chen R. T. (1999), « Commentary : Negative association between MMR and autism », *The Lancet*, 353, p. 1987-1988.
12. Thompson G. (2009), « Measles and MMR statistics », Standard Note : SN/SG/2581, Social and General Statistics, http://researchbriefings.files.parliament.uk/documents/SN02581/SN02581.pdf. NHS Digital (2018). *Childhood Vaccination Coverage Statistics : England, 2017-18*, https://files.digital.nhs.uk/55/D9C4C2/child-vacc-stat-eng-2017-18-report.pdf. https://digital.nhs.uk/data-and-information/publications/statistical/nhs-immunisation-statistics. https://www.nuffieldtrust.org.uk/resource/vaccination-coverage-for-children-and-mothers. https://www.who.int/newsroom/detail/29-11-2018-measles-cases-spike-globally-due-to-gaps-in-vaccination-coverage.
13. http://www.euro.who.int/en/media-centre/sections/press-releases/2019/measles-in-europe-record-number-of-both-sick-and-immunized.
14. https://ecdc.europa.eu/en/measles.
15. Antona D., Lévy-Bruhl D., Baudon C., Freymuth F., Lamy M., Maine C. Floret D., Châtelet I. (2013), « Measles elimination efforts and 2008-2011 outbreak, France », *Emerging Infectious Diseases*, 19, p. 357-364.
16. Gautier A., Jauffret-Roustide M., Jestin C. (dir.) (2008), *Enquête Nicolle 2006. Connaissances, attitudes et comportements face au risque infectieux*, Éditions INPES.

17. Lopalco P. L. (2018), *Informati e vaccinati*, Carocci Editore.
18. https://news.gallup.com/opinion/gallup/227108/wellcome-gallup-research-attitudes-science-globally.aspx. https://www.pewresearch.org/science/2017/12/08/mixed-messages-about-public-trust-in-science/.

1

Aux origines de la méfiance

1. Plotkin S. L., Plotkin S. A. (2004), « A short story of vaccination », *in* S. A. Plotkin, W. A. Orenstein (dir.), *Vaccines*, Saunders, p. 1-15. Wolfe R. M., Sharp L. K. (2002), « Anti-vaccinationists past and present », *BMJ*, 325 (7361), p. 430-432. Moulin A.-M. (dir.) (1996), *L'Aventure de la vaccinaton*, Fayard. « Contribution au dossier Vaccinations. Le temps des polémiques, La fin de l'exception française » (2010), *Science et vie*, 1109, p. 62-65.
2. Larson H. J. *et al.* (2016), « The state of vaccine confidence 2016 : Global insights through a 67-country survey », *EBioMedicine*, 12, p. 295-301.
3. Tournier J.-N., Tangy F., Orsenna E. (2017), *Les Vaccins pour les nuls*, First. Sansonetti P. (2017), *Vaccins*, Odile Jacob.
4. Mnookin S. (2011), *The Panic Virus. A True Story of Medicine, Science, and Fear*, Simon and Schuster. https://sciencebasedmedicine.org/mercury-in-vaccines-and-autism-a-failed-hypothesis/. https://sciencebasedmedicine.org/toxic-myths-about-vaccines/. Wessel L. (2017), « Vaccine myths », *Science*, 356 (6336), p. 368-372.
5. De Figueiredo A., Johnston I., Smith D. *et al.* (2016), « Forecasted trends in vaccination coverage and correlations with socioeconomic factors : A global time-series analysis over 30 years », *Lancet Glob. Health.* 4 (10), e726-735.
6. https://www.bbc.com/news/world-africa-21381773.
7. https://www.newsweek.com/polio-related-murders-kill-more-disease-itself-287880.
8. Rapport complet de la réunion du GACVS du 20 au 21 juin 2002, publié dans le *Relevé épidémiologique hebdomadaire* de l'OMS du 22 novembre 2002 : https://www.who.int/vaccine_safety/committee/topics/hepatitisb/multiple_sclerosis/Jun_2002/fr/.
9. Sunstein C. R. (2000), « Cognition and cost-benefit analysis », *The Journal of Legal Studies*, 29 (S2), p. 1059-1103.
10. https://www.who.int/immunization/diseases/measles/en/.
11. https://www.who.int/news-room/fact-sheets/detail/measles, 5 décembre 2019.
12. Gilovich T. D., Griffin D., Kahneman D. (2002), *Heuristics and Biases : The Psychology of Intuitive Judgment*, Cambridge University Press.
13. Tversky A., Kahneman D., « Judgment under uncertainty : Heuristics and biases », *in* D. Kahneman, P. Slovic, A. Tversky (dir.) (1982), *Judgment Under Uncertainty : Heuristics and Biases*, Cambridge University Press. Pour une application de ces considérations à un autre domaine, traité dans ce

livre : Sunstein C. R. « The availability heuristic, intuitive cost-benefit analysis, and climate change », *Climatic Change*, 2006, 77 (1-2), p. 195-210.

14. https://www.medecine-voyages.fr/publications/ficheinfovaccinStamaril.pdf. Tversky A., Kahneman D., « Judgment under uncertainty : Heuristics and biases », art. cit. Pour une application de ces considérations à un autre domaine, traité dans ce livre : Sunstein C. R, « The availability heuristic, intuitive cost-benefit analysis, and climate change », art. cit.
15. Horne Z., Powell D., Hummel J. E., Holyoak K. J. (2015), « Countering antivaccination attitudes », *Proceedings of the National Academy of Sciences USA*, 112 (33), p. 10321-10324. Chevallier C. (2017), « Utiliser la recherche en psychologie pour lutter contre la défiance vis-à-vis de la vaccination », *Slate*, 19 mars.
16. Bloom P. (2017), *Against Empathy : The Case for Rational Compassion*, Random House.
17. Hendrix K. S., Finnell S. M. E., Zimet G. D., Sturm L. A., Lane K. A., Downs S. M. (2014), « Vaccine message framing and parents' intent to immunize their infants for MMR », *Pediatrics*, 134 (3), e675-e683.
18. Bloom, P. (2017), *Against Empathy : The Case for Rational Compassion*, *op. cit.* Voir aussi Rosling H. (2019), *Factfulness*, Flammarion. Singer P. (2005), « Ethics and intuitions », *The Journal of Ethics*, 9 (3-4), p. 331-352.
19. Miton H., Mercier H. (2015), « Cognitive obstacles to pro-vaccination beliefs », *Trends in Cognitive Sciences*, 19 (11), p. 633-636.
20. Donzelli G., Palomba G., Federigi I., Aquino F., Cioni L., Verani M., ..., Lopalco P. (2018), « Misinformation on vaccination : A quantitative analysis of YouTube videos », *Human Vaccines and Immunotherapeutics*, 14 (7), p. 1654-1659.
21. Blaine T., Boyer P. (2018), « Origins of sinister rumors : A preference for threat-related material in the supply and demand of information », *Evolution and Human Behavior*, 39 (1), p. 67-75. Boyer P. (2018), *Minds Make Societies : How Cognition Explains the World Humans Create*, Yale University Press. Acerbi A. (2019), « Cognitive attraction and online misinformation », *Palgrave Communications*, 5 (1), p. 15.
22. Kahan D. M. (2016), « The politically motivated reasoning paradigm, part 1 : What politically motivated reasoning is and how to measure it », *in* R. A. Scott, M. Buchmann, S. M. Kosslyn (dir.), *Emerging Trends in the Social and Behavioral Sciences, op. cit.*, p. 1-16. Lewandowsky S., Ecker U. K., Seifert C. M., Schwarz N., Cook J. (2012), « Misinformation and its correction : Continued influence and successful debiasing », *Psychological Science in the Public Interest*, 13 (3), p. 106-131.
23. Kahan D. M., « The politically motivated reasoning paradigm, part 1 : What politically motivated reasoning is and how to measure it », art. cit. Lewandowsky S., Ecker U. K., Seifert C. M., Schwarz N., Cook J. (2012), « Misinformation and its correction : Continued influence and successful debiasing », art. cit. Nyhan B., Reifler J., Richey S., Freed G. L. (2014), « Effective messages in vaccine promotion : A randomized trial », *Pediatrics*,

133 (4), e835-e842. Nyhan B., Reifler J. (2015), « Does correcting myths about the flu vaccine work ? An experimental evaluation of the effects of corrective information », *Vaccine*, 33 (3), p. 459-464.

24. Nyhan B., Reifler J., Richey S., Freed G. L. (2014), « Effective messages in vaccine promotion : A randomized trial », art. cit. À noter que ces résultats n'ont pas pu être répliqués dans une autre étude : Haglin K. (2017), « The limitations of the backfire effect », *Research and Politics*, 4 (3), doi:2053168017716547.
25. Kahan D. M., « The politically motivated reasoning paradigm, part 1 : What politically motivated reasoning is and how to measure it », art. cit. Hornsey M. J., Harris E. A., Fielding K. S. (2018), « The psychological roots of anti-vaccination attitudes : A 24-nation investigation », *Health Psychology*, 37 (4), p. 307. Lewandowsky S., Gignac G. E., Oberauer K. (2013), « The role of conspiracist ideation and worldviews in predicting rejection of science », *PloS One*, 8 (10), e75637.
26. Kahan D., Braman D., Cohen G., Gastil J., Slovic P. (2010), « Who fears the HPV vaccine, who doesn't, and why ? An experimental study of the mechanisms of cultural cognition », *Law Human Behav.*, 34, p. 501-516.
27. Kuran T., Sunstein C. R. (1999), « Availability cascades and risk regulation », *Stanford Law Review*, 51 (4), p. 683-768.
28. Casadevall A., Fang F. C. (2018), « Making the scientific literature fail-safe », *The Journal of Clinical Investigation*, 128 (10), p. 4243-4244. Fang F. C., Casadevall A. (2015), « Competitive science : Is competition ruining science ? », *Infection and Immunity*, 83 (4), p. 1229-1233. Casadevall A., Fang F. C. (2014), « Causes for the persistence of impact factor mania », *MBio*, 5 (2), e00064-14. Fang F. C., Steen R. G., Casadevall A. (2012), « Misconduct accounts for the majority of retracted scientific publications », *Proceedings of the National Academy of Sciences USA*, 109 (42), p. 17028-17033.
29. Ioannidis J. P. (2005), « Why most published research findings are false », *PLoS Medicine*, 2 (8), e124. Begley C. G., Ellis L. M. (2012), « Drug development : Raise standards for preclinical cancer research », *Nature*, 483 (7391), p. 531. Nosek B. A., Aarts A. A., Anderson C. J., Anderson J. E., Kappes H. B. (2015), « Open science collaboration. Estimating the reproducibility of psychological science », *Science*, 349 (6251), aac4716-aac4716.
30. Dwan K., Gamble C., Williamson P. R., Kirkham J. J. (2013), « Systematic review of the empirical evidence of study publication bias and outcome reporting bias : An updated review », *PloS One*, 8 (7), e66844. Kicinski M. (2013), « Publication bias in recent meta-analyses », *PloS One*, 8 (11), e81823. Kirkham J. J., Dwan K. M., Altman D. G., Gamble C., Dodd S., Smyth R., Williamson P. R. (2010), « The impact of outcome reporting bias in randomised controlled trials on a cohort of systematic reviews », *BMJ*, 340, c365. Ioannidis J. P., Greenland S., Hlatky M. A., Khoury M. J., Macleod M. R., Moher D., ..., Tibshirani R. (2014), « Increasing value and reducing waste in research design, conduct, and analysis », *The Lancet*, 383 (9912), p. 166-175. Scargle J. D. (1999), « Publication bias (the "file-drawer problem") in

scientific inference », arXiv preprint physics/9909033. Novella S., *The Skeptics' Guide to the Universe,* Grand Central Publishing, 2018. Simmons J. P., Nelson L. D., Simonsohn U. (2011), « False-positive psychology : Undisclosed flexibility in data collection and analysis allows presenting anything as significant », *Psychological Science,* 22 (11), p. 1359-1366.

31. Casadevall A., Fang F. C. (2015), « Impacted science : Impact is not importance », *mBio* 6 (5), e01593-15. Casadevall A., Fang F. C. (2016), « Rigorous science : A how-to guide », *mBio,* 7 (6), 01902-16. Casadevall A., Ellis L. M., Davies E. W., McFall-Ngai M., Fang F. C. (2016), « A framework for improving the quality of research in the biological sciences », *mBio,* 7 (4), 01256-16. Young N. S., Ioannidis J. P., Al-Ubaydli O. (2008), « Why current publication practices may distort science », *PLoS Medicine,* 5 (10), e201.
32. http://www.alltrials.net. Ioannidis J. P., Munafo M. R., Fusar-Poli P., Nosek B. A., David S. P. (2014), « Publication and other reporting biases in cognitive sciences : Detection, prevalence, and prevention », *Trends in Cognitive Sciences,* 18 (5), p. 235-241.
33. Goldacre B. (2014), *Bad Pharma : How Drug Companies Mislead Doctors and Harm Patients,* Macmillan.

2

Quatrième voyage au cœur de la science : dans le sillage de Pasteur

1. Frédéric Tanguy, chercheur du CNRS, est auteur de plus de 130 publications sur les vaccins, mais aussi coauteur, avec Jean-Nicolas Tournier et Erik Orsenna, d'un livre grand public sur les vaccins : *Les Vaccins pour les nuls, op. cit.*
2. Goldacre B., *Bad Pharma, op. cit.* Sansonetti P., *Vaccins, op. cit.* Tournier J.-N., Tangy F., Orsenna E., *Les Vaccins pour les nuls, op. cit.*
3. Offit P., *The Cutter Incident : How America's First Polio Vaccine Led to the Growing Vaccine Crisis,* Yale University Press, 2005.
4. Sansonetti P., *Vaccins, op. cit.* Tournier J.-N., Tangy F., Orsenna E., *Les Vaccins pour les nuls, op. cit.*
5. Plotkin S., Orenstein W., Offit P., Edwards K. (2018), *Plotkin's Vaccines,* Elsevier, 2018.

3

Message à emporter : faire confiance est un art difficile

1. Kwok R. (2011), « The real issues in vaccine safety », *Nature,* 473 (7348), p. 436.
2. Offit P. A. (2005), *The Cutter Incident, op. cit.*

3. Goldacre B., *Bad Pharma*, *op. cit.*
4. Murad M. H., Asi N., Alsawas M., Alahdab F. (2016), « New evidence pyramid », *BMJ*, *Evidence-Based Medicine*, 21 (4), p. 125-127.
5. Heneghan C. Badenoch D. (2006), *Evidence-Based Medicine Toolkit*, Wiley-Blackwell. Greenhalgh T. (2014), *How to Read a Paper : The Basics of Evidence-Based Medicine*, Wiley-Blackwell. Haynes R. B., Sackett D. L., Guyatt G. H., Tugwell P. (2005), *Clinical Epidemiology : How to Do Clinical Practice Research*, Lippincott Williams and Wilkins. Sackett D. L., Straus S. E., Richardson W. S., Rosenberg W., Haynes R. B. (2000), *Evidence-based Medicine : How to Practice and Teach EBM*, Churchill Livingstone. Sackett D. L., Rosenberg W. M., Gray J. A., Haynes R. B., Richardson W. S. (1996), « Evidence based medicine : What it is and what it isn't », *BMJ*, 312 (7023), p. 71-72. Evidence-Based Medicine Working Group (1992), « Evidence-based medicine. A new approach to teaching the practice of medicine », *JAMA*, 268, p. 2420-2425. « Evidence-based medicine, in its place » (1995), *The Lancet*, 346 (8978), p. 785.

Remerciements

Nous voulons en premier lieu remercier les scientifiques qui nous ont accueillis. Ils ont regardé avec un œil parfois amusé notre enthousiasme et notre curiosité mais les échanges que nous avons eus avec eux ont enrichi notre réflexion d'une manière souvent impossible à prévoir. Au-delà des rencontres directes, ils se sont rendus disponibles pour répondre à distance aux mille questions que l'on avait naturellement oubliées de leur poser au bon moment… Le métier de scientifique est, fort heureusement pour nous, un entraînement à la patience. Voici une petite liste des chercheurs que vous aurez la chance de croiser au cours des différents chapitres.

Francesca Marucco et les membres du projet Life WolfAlps nous ont accompagnés et guidés dans la neige au Piémont sur les pas du loup. Guillaume Queney et Vincent Guillot nous ont fait découvrir le laboratoire Antagene près de Lyon et les impressionnantes techniques moléculaires. Au laboratoire du CEFE à Montpellier, Olivier Gimenez, Oksana Grente et Sarah Bauduin ont répondu de manière chaleureuse à nos innombrables questions. Pierre-Emmanuel Briaudet qui travaille à l'ONCFS nous a conduits de nuit en forêt pour un souvenir impérissable.

Au CERN, à Genève, nous avons longuement discuté avec Marco Delmastro, Mario Campanelli et Benedetto Gorini. Merci à Marco pour avoir partagé un moment si important de sa carrière avec autant de sincérité et de passion. Merci également à Ludovico Pontecorvo et à Fabiola

Gianotti, directrice générale du CERN, qui nous ont permis d'ouvrir certaines portes de cet univers fabuleux du CERN.

Valérie Masson-Delmotte du laboratoire LSCE de Paris-Saclay et Éric Guilyardi du laboratoire IPSL/LOCEA ont pris le temps de nous expliquer toutes les subtilités du fonctionnement du GIEC. Nos questions insistantes cherchant à clarifier le moindre détail n'auront jamais ébranlé leur patience.

Pier Luigi Lopalco, professeur d'épidémiologie à l'Université de Pise, spécialisé dans le domaine des maladies à prévention vaccinale, le docteur Paul Brigot, médecin généraliste à Paris et Frédéric Tangy, directeur du laboratoire de vaccinologie à l'Institut Pasteur de Paris, nous ont permis de faire face à la question épineuse des vaccins. Bravo à eux d'avoir accepté de nous éclairer en toute transparence sur un sujet aussi délicat.

Des amitiés peuvent naître de ce genre d'échanges, et ce fut le cas. D'autres en furent renforcées.

Un dernier merci pour tous ceux qui nous ont prêté un peu de leur temps, de leur patience et de leur compétence dans cette formidable aventure : Amélie Riou et Andréa Formica (CEA/Saclay) pour les relectures à domicile ; Anouk Barberousse (Sorbonne Université), Nathalie Besson (CEA/Saclay), Roberto Casati (Institut Jean-Nicod, CNRS, EHESS, ENS), Christophe Duchamps (ONCFS), Samuel Morin (Centre d'études de la neige, CNRM) pour les discussions et les relectures précieuses ; David Jasmin et toute l'équipe de la Fondation La Main à la Pâte pour leur soutien.

Et enfin nos familles : tout le clan des Pasquinelli-Tinti (avec une dédicace spéciale pour Silva et Giuliano), ainsi que Giulia et Gianni Formica ; Geneviève (tu vois que ton nom est bien écrit quelque part finalement), Jean-François, Sandrine et Florence Farina ; et la prochaine génération de penseurs critiques : Marzio et Corinna Formica ; Lilou et Paul Lalain ; Raphaël Martinez ; et puis toi, mon petit Robin Farina.

Table

CHAPITRE II

Mettre ses idées à l'épreuve des faits

CHAPITRE III

L'art de parvenir à un consensus

CHAPITRE IV

Des repères pour décider

Cet ouvrage a été composé
en ITC Galliard et en Whitney
par Nord Compo
à Villeneuve-d'Ascq (Nord).

N° d'édition : 7381-5267-X – N° d'impression : 082066397
Dépôt légal : septembre 2020

Imprimé en France par Présence Graphique

Inscrivez-vous à notre newsletter !

Vous serez ainsi régulièrement informé(e)
de nos nouvelles parutions et de nos actualités :

https://www.odilejacob.fr/newsletter